U0192982

95后的第一本理财书

洪佳彪 著

四川人民出版社

推荐序

学会延迟满足，是95后理财的第一步

在2019年5月的伯克希尔·哈撒韦股东大会上，有一个13岁的小股东向巴菲特和芒格请教投资经验，问到了孩子们如何培养延迟满足技能的问题。

芒格的回答肯定了延迟满足的作用，认为这确实是他赖以成功的基础之一。巴菲特则可能更多考虑到提问者的年纪，觉得对于他这样的孩子来说，与目前能赚到的收益相比，可能还是去趟像迪士尼这样让人即时满足的地方更能让人开心一些。

尽管这算不上是一个严肃的财经问题，但从一个13岁的小朋友口中问出来，也确实让人印象深刻。而巴菲特虽然把延迟满足的理念贯串在他一生的投资生涯之中，却也能在89岁的高龄充分意识并尊重社会价值的多元，并告诉年轻人“快乐也是重要的做事原则之一”。

话说回来，中国的传统文化里一直隐含着延迟满足的智慧。像我们这代人，一直所秉持的就是“修身、齐家、治国、平天下”的价值追求，不断鞭策着自己在保持应有的克制的同时，持续学习进化，努力向前奔跑。

但现在，延迟满足的这套道理，好像已经对年轻人不太管用了。尤其对于95后、00后来说，像延迟满足这样的非连续的、中心化的、不精确的激励方式，已经很难触动他们了。毕竟多数95后没有经历过物质匮乏的时代，他们从小所能接触到的，也几乎都是可以给他们带来各种即时反馈的东西。因此，现在的年轻人，特别讲究“我要的现在就要”。

这种价值观的差异并没有对错之分，但如果是在理财投资这件事情上，我觉得接受并学会延迟满足，还确实是95后理财的第一步。

举个最简单的例子，很多年轻投资者在刚刚开始接触基金时，往往会选择那些近一年来收益率比较高的基金。因为他们觉得，既然这些基金曾经在这么短的时间里面赚到了这么多钱，那么买它就一定没错。

但实际上，稍有投资经验的人就会知道，在判断基金收益率时一定要加上时间维度。毕竟股票市场复杂多变，跌宕起伏，基金收益率存在一定的偶然性，不能以一时论英雄。而经过长时间、各种投资环境检验过的长期年化收益率，才更能说明这只基金的含金量高低。

另外，现在理财市场的运转逻辑和内外部环境，也在要求我们所有人都必须懂得延迟满足的道理。

以前，普通人的理财更像是一场收益率的比拼游戏，不管是卖理财的还是买理财的，大家好像都不太需要斟酌，根据自己的资产体量在对应的理财服务机构中找能买到的收益率最高的产品就行了。

但现在，理财市场已全面打破刚兑，净值化产品逐步成为未来的主流，各种层出不穷的“爆雷”事件，更是给无数投资人上了一堂痛彻心扉的风险教育课。

所以，如果还是抱着投机挣快钱的心态，即便一时得利，也会很快陷入更大的泡沫陷阱。而要想从一开始就打好自己的财富基础，了解相关的理财知识，建立起自己的理财能力，是所有95后逃不掉的一门社会课程。

欣慰的是，我们也有越来越多像洪佳彪这样的年轻人，投入到理财知识、理财教育和理财服务的大潮中来。洪佳彪也多次跟我说过，之所以想要撰写《95后的第一本理财书》这样一本书，就是希望能为更多的理财菜鸟们提供系统且专业的理财支持和服务，让越来越多的“菜鸟”成长为久经考验的“老鸟”。

这本书抓住了95后人群的特点，并以有趣、易懂、好用的方式，对95后即将面临的理财难题一一梳理，并提供了成熟、科学的理财指引。如果你是一位95后，相信你在读完这本书以后，一定能有所收获。

秦　朔

自序

理财虽然“反人类”，却也是伴你一生的乐事

提到95后,你会想到什么?

在菜导①这个85后看来,最大的感慨莫过于自己突然之间就变成了95后口中的“中年人”、“大叔”,开始和这些刚刚从象牙塔走出,并即将成为新的社会中坚的年轻人打交道,当然也期许他们能拓出更大的舞台,实现更好的人生。

作为曾经被舆论贴过标签和社会反复“研究”过的85后,菜导深知每一代人有每一代人的困惑、迷惘和

① 作者洪佳彪,第三方理财服务平台“菜鸟理财”创始人、CEO,人称“菜导”。

苦楚，也终将把握属于自己的机遇、阶梯和风口。不过值得看到的是，与更早的85后、75后甚至65后相比，95后多数都是含着金钥匙出生的。

作为中国第一代真正意义上的“互联网原住民”，95后对信息更为敏感，有着快速接受新事物的能力。这让他们在很多细节上给人的感受，都跟其他年龄段的人不一样。

95后更自信，更愿意及时行乐；消费行为从一开始就和“透支”紧密联系，且极少认为这有什么不对；热爱钻研与分享，享受冲动与激情，在更容易被“种草”的同时，看上去也更容易“进坑”；对于爱情、婚姻和生育的态度，也和其他年龄段的人有所不同……

所以，才会有那么多关于95后的话题，才会有那么多对于这个群体种种行为的讨论，也才会有那么多“老一辈”的人们，千方百计地想要给95后支招、引路。

但实际上，每一代人都有其特性和使命，该犯的错、该踩的坑、该付出的代价和成本，都不会因为那些善意且周全的告诫而有所减少。能体现出一代人自身独特性的，并不是简单粗暴的代际标签，而是这一代人中到底有多少人愿意为了自己的梦想去努力、去付出。

具体在理财这个话题上，每一代人的理解也是不一样的。75后会把节省、稳健作为自己的理财关键词；85后会把收益、杠杆挂在嘴边，而95后关心的则是消费和透支。

但无论你是几零后，我们理财的目的，其实都不是为了多赚点利息或者实现所谓的财务自由。我们之所以要学习理财、尝试理财并在人生的大多数时间与理财这件事紧密相连，就是因为真正意义上的理财，是指个人和家庭科学地规划现在以及未来的财务资源，并综合利用各种社会资源，在正确的时间以正确的方式和心态做好每一个家庭财务决策的过程。

所以，菜导写这本书的出发点，并不是想“教导”95后该怎样理财，也不愿让95后的读者们产生一种中年大叔苦口婆心来“劝诫”大家的感觉。只希望菜导从自己的一些经验和感悟中，给大家分享一些切实可行的理财办法，给95后一些力所能及的帮助。毕竟，如今要想理好财，需要面临的困难和挑战比以前更多。

从大的时代背景来看，让95后衣食无忧的经济快速发展期已经告一段落，在市场环境、金融政策、投资方向等领域，近年都发生了令人印象深刻的重大变革。

如今，在新冠疫情这只“黑天鹅”的影响下，我们不仅要面对史无前例的全球经济大衰退，还有随之而来的“逆全球化”浪潮的开启。这些变化虽然看似离我们普通人的日常生活还有些距离，但实际上正在切实地改变我们工作、投资和理财的基本逻辑。

比如，为了对抗疫情，全球各国争相进入零利率时代，受此影响，中国人民银行（简称央行）也开启了小步降息的步伐，市场上各类金融产品的收益也越来越低。

换言之，在这个不断洗牌的世界里，我们已经不能再用以前的思维来看待这个世界，每个人或多或少觉得知识不够，认知不够。如果不能及时跟上时代的节奏，就很容易变得焦虑。

这种焦虑已经体现在很多95后身上。首先是由校园到社会，发现世界并不如自己所设想的那般美好的经验焦虑；然后是社会发展、行业变幻、职场升迁带来的知识焦虑；以及相对旺盛的物质需求和相对有限的劳动收入之间的财富焦虑。

越来越多的95后也由此明白，自己需要改变。但从个体角度上来说，寻求改变本就是件艰难的工作。毕竟我们都是凡人，而凡人都有惰性。在现代社会的高节奏压迫下，多数人都偏向于在现有的舒适区安稳度日，不想做那种看起来“无必要”且“很痛苦”的事。

以理财为例，多数95后其实或多或少都曾在微信推文、朋友圈分享等各种渠道里，接触到一些零碎的理财概念和技巧。看了文章、直播，恍然大悟般开始理财规划，但坚持不了多久以后，就会把之前听过的各种理财观念都抛诸脑后。一切回归原点，该吃吃该喝喝，该“剁手”该分期，一个都不会落下。

这也是菜导为什么一直强调：理财的学习和实践一直都是一个“反人性”的过程。因为这需要我们做好消费支出的规划，也就意味着要控制消费、强制储蓄，这与绝大多数95后“想买就买、想花就花”的方式相悖。

更何况，在现在的大背景下，理财也不再是随便投资，而变成一个精心挑选、小心翼翼、细水长流的过程，不仅无法给人一夜暴富的刺激，反而一不小心就容易进坑受挫。从局外人的角度来看，必须通过长期的规律消费支出和持续的科学投资才可以最终有所收获的体验，着实少了些趣味，也来得太慢、太艰难了些。

但是，如果你真正了解过、学习过、尝试过并最终系统地实践过，你会发现理财的过程本身也是一种乐趣，一种享受，一种与人生中其他事情截然不同但又紧密相连的成就。

如果要想在这个不确定的年代，为自己的人生谋得一个相对确定的开端，除了要在职场努力打拼、生活乐观向上之外，还真就必须建立起终身理财的打算和准备。

好消息是，虽然95后都还处在踏入社会、努力赚钱、寻求自身独立的这样一个看似“三不靠”的人生阶段，但从理财规划的角度来看，这个阶段又恰恰是人生财富积累的黄金时期。

所以，尽管你现在收入可能不多，但只要掌握了属于自己的理财知识体系和投资组合套路，往后的人生就会走得更宽广、更轻松。

股神巴菲特曾经说过：“如果到四五十岁，你还不能在睡觉时也赚钱，你就太失败了。”这意思就是，如果一个人不能在创富能力最为旺盛的青年阶段创造财富并尽早掌握理财投资的技巧，那在步入中晚年时，就很难拥有稳定且优质的生活品质，只能为了生活和家庭疲于奔命了。

所以，菜导希望通过这本书，能帮你多积累一些理财知识，多识破一些套路，让你在10年、20年以后，也能像巴菲特所说的那样，成为一个“睡觉也能赚钱”的理财达人！

洪佳彪(菜导)

目录

02 从零开始你的理财之旅

03 手把手搞懂你的理财属性

04 四大关键,决定你能存多少钱

05 九大要素，决定财富走向

06 选择，能带来最大的理财收益

后记 不理财，不配谈未来？

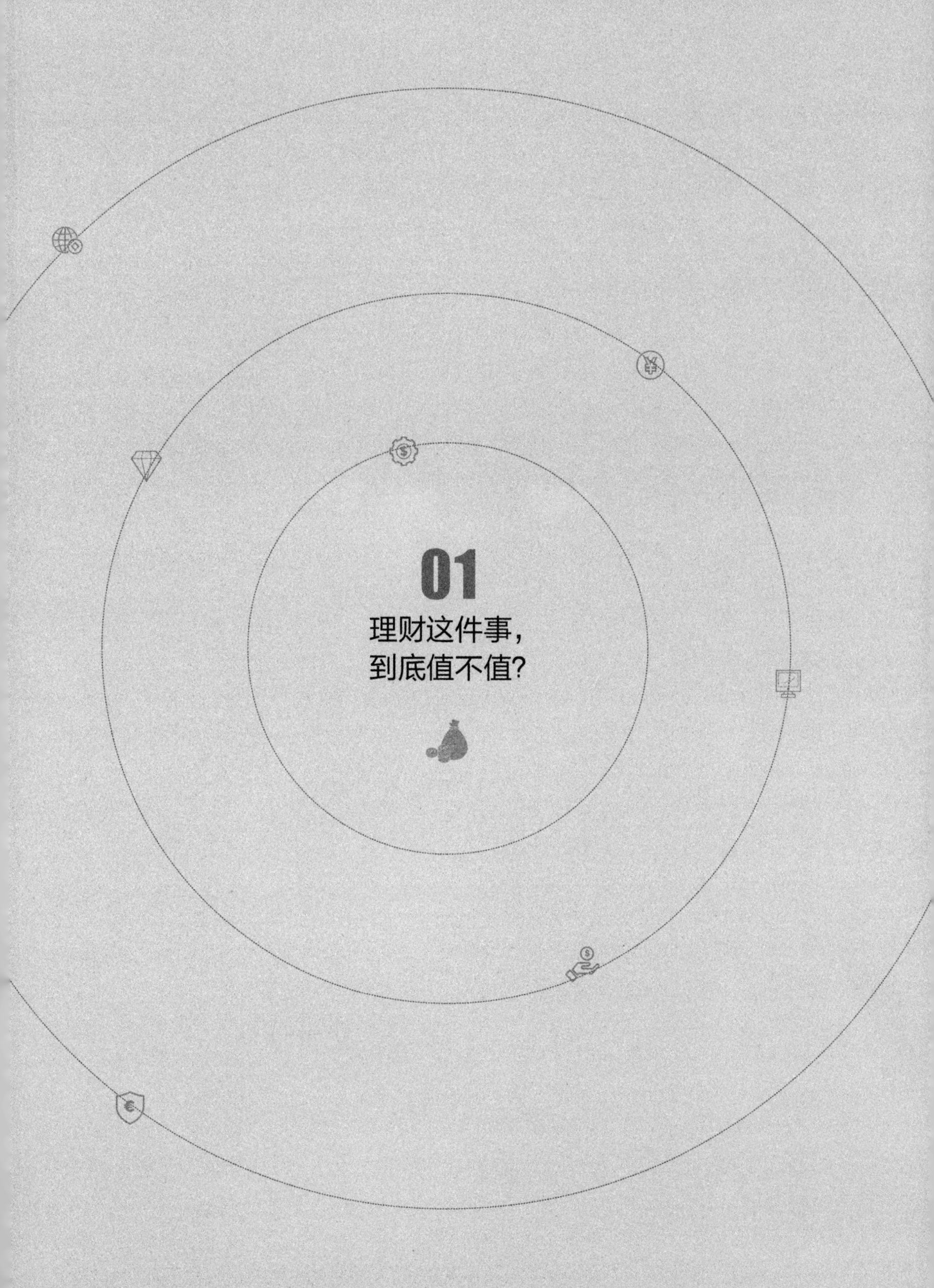

01

理财这件事，到底值不值？

近年，95后取代了当年85后在社会话题榜上的位置，成为大家关注的焦点。社会对95后的关注点不再停留在“宅”“丧”“二次元”等外在标签，而变成所谓的“职场萌新”。

初入职场的95后也开始了自己在漫长职场路上的“闯关升级”，与85后的中年焦虑不同，95后的状态更像是一种“成年焦虑”。与谈存钱的60后、70后和埋头赚钱还房贷的80后相比，95后似乎总是在谈论怎么花钱。

那么，这群未来的社会中坚，到底都在想些什么？

千金难买心头好的95后

在很多人看来，像球鞋这样的日常消费品，平常逛街的时候顺手买一双，或者去熟悉的网店偶尔挑选一下，有个三五双换着穿，基本就够了。

但如今，球鞋也有了自己的二级市场，而且一双标价千元的球鞋，在二级市场上可以炒到数万元！

这样的故事对于绝大多数60后、70后和80后来说，都属于天方夜谭。但95后排队抢鞋、比较二级市场上的限量鞋款价格和大量收藏新款球鞋，已经成为日常生活的一部分。

例如，阿迪达斯在2015年推出的“椰子鞋”，由著名说唱歌手、音乐人坎耶·韦斯特制作，一经推出便红遍全球，成为风靡一时的潮鞋之一。在二级市场上，一双“椰子鞋”的平均转手价格为1103美元，高出零售价366%，最高价达到6000美元，超过零售价2456%。一双OFF-WHITE与Air Jordan品牌联名推出的Air Jordan 1系列篮球鞋，在二级市场上最高可卖到27000元。李宁和美国职业篮球联赛球星德维恩·韦德推出的韦德之道7全明星比赛限量款，发售价1699元；该款在二级市场上的价格一路飙涨至20000元。

这些看起来匪夷所思的球鞋行情，最终的买单者以95后为主。据第一财经商业数据中心发布《2018线上运动消费趋势大数据报告》和《2018潮流人群运动鞋消费趋势报告》数据统计，目前的球鞋消费市场中，95后贡献占比26.6%，超越了90后的23.4%，成为该市场消费能力最强的一代人。

而这只不过是95后爆棚购买力的一个小小缩影。

根据艾瑞咨询对全国一二三线城市及海外高校的2000多名大学生调研而成的报告《2018年95后养成记》，95后的月均消费金额为2640元。而在2018年上半年，全国居民人均消费支出9609元，即月均消费金额约为1600元。

分期乐商城发布的2018年“双十一”分期消费大数据则显示，国内95后的消费者占比超过60%，正式接棒80后、90后扛起分期消费的大旗。

也就是说，不管95后究竟有没有开始挣钱，他们的消费水平早就远超了社会平均水平。于是，有机构大胆地预测，三到五年后，95后将一举替代其他年龄阶层，成为社会消费领域的主力军。

但如果你把这些数据告诉95后，换来的也不过是他们理所当然的回应：“我花的钱都是我对这个世界的热爱。”毕竟，95后出生和成长的年代丰衣足食、互联网产业高速发展，这样的成长背景让他们少了点杞人忧天，少了点瞻前顾后，多的是对自我价值感、存在感、幸福感等方面的精神追求。

虽然95后经常被“天价鞋”“超前消费”“人均负债XX万”的新闻标

题所包围，但跟他们实际接触过后，你会发现，即便他们较之前几代人的消费热情要高了很多，实际上他们本身并非容易“上当受骗”的对象。相反，95 后大多是钻研型的消费者，热衷于查询目标产品的评测，比较具体产品的性价比。而且他们也不一定“唯品牌论”，能讲好故事、做好产品的品牌，他们照样买账。

比起 80 后的埋头苦干，90 后的佛系人生，95 后人群一切以为了自己高兴为中心。**他们毫不掩饰自己的心中所想，十分懂得取悦自己。他们打心底觉得，开心比钱更重要。他们不满足于单调的生活，品质和趣味对他们来说是生活的必需品。**

而对于被 95 后青睐的消费领域的商家们来说，他们最大的感受应该是，这些年轻的消费者们，其实对价格一点都不敏感。只要能让他们成为“这条街最靓的仔”，价格对 95 后来说从来都不是什么问题。

相较于价格，95 后更关注的是反馈和评价。因此，传统的广告和推销对他们已经逐渐丧失说服力。比起看广告里妆容精致的女明星优雅地说着一句又一句动人的广告词，还不如身边朋友或者是网络上的某个美妆博主边卸妆边说“这个真的很好用”，这些零距离之中的反馈和评价会让他们更有尝试的欲望。

由于 95 后更喜欢零距离地了解消费品，选择消费品，因此让 95 后有零距离体验感的社交因素成为影响 95 后消费决策的最重要因素。他们会在社交中寻找拥有相同消费爱好的用户，分享自己的购物心得，以建立起彼此的消费信任，从而形成一个圈子，而这个圈子则会随之又带动消费。

这就造成了一种现象：当他们的消费可以在社交媒体上展示的时候，

他们往往会在下一步的消费过程中，选择更酷的，颜值更高的，看起来更高级的东西或场所。不为别的，就为了拍出更好看的照片，录上一段点赞率更高的视频。

这就是95后更在乎的——在消费本身之外的社交展露自我，为此他们愿意支付更高的溢价。

这种消费观念好像很难被人理解，甚至不同时代的群体会认为95后的消费观念复杂而难懂，但是追究其内核会发现，这种消费观念还是万变不离其主心骨——物质和精神的双重需求，个性、趣味和社交并重。

其他年龄段的人，往往会说他们花钱大手大脚、不懂节俭的美德，但在菜导看来，每代人有其消费观和处事法则。与其在消费观上对95后进行无意义的指责，还不如关心他们有没有建立与自己的消费欲望相匹配的赚钱能力和理财素养。

用明天的钱圆今天的梦

菜导之所以强调应该关心95后有没有建立起与自己消费欲望相匹配的赚钱能力，是因为绝大多数95后目前还真的赚不到多少钱。

据赶集网统计，2018年95后应届毕业生期望薪资的均值为6174元，其中9.5%的毕业生希望月薪超过10000元，而40%的毕业生对月薪的期望超过 8000 元。与往届生相比，应届生对薪资的期望更高。但实际上，95 后应届毕业生的真实薪资平均值为 5429 元，80％的毕业生实际薪资在 8000 元以下。

另外一份三方调研数据体现的情况则更为“残酷”，绝大多数 95 后的第一份工作，很难获得超过 6000 元以上的薪水。全国范围内，也仅有北京、上海、广州、深圳四座城市开给 95 后的平均月薪超过了 6000 元。

但由于消费的欲望远远超过了自己的赚钱能力，使得很多 95 后从拿到第一份工资开始，就陷入了持续负债的怪圈。

根据 2018 年汇丰银行的一项调查数据表明，90 后的负债额是月收入的 18.5 倍。以该年应届生平均薪资 5429 元计算，第一批 95 后一出校门就人均负债 10 万元。而早几年进入社会的 90 后情况更严峻，人均负债达 12 万元以上。

根据融 360 发布的消费调查数据，以 90 后为例，90 后在借贷市场上的占比高达 49.31％，在亚洲同龄人中排第一。不仅如此，这其中有 28.57％的人使用消费贷款是为了偿还其他贷款。在这批早早就负债前行的年轻人中，每 4 个人中就有 1 个人使用花呗，每 3 个购买手机的人中就有 2 个使用分期付款，每 2 个人中就有 1 个没有任何存款。

为什么这一代年轻人在消费和负债上的行为较之前几代人有如此大的差异？

首先，相比到小学和初中阶段才开始接触网络的 85 后，95 后才算是中国第一批真正意义上的互联网原住民。

其次，95 后成长于中国经济快速发展的时期，在他们的成长过程中，大都见证了家庭财富的积累和物质生活的丰富。

最后，由于多数 95 后都是独生子女，所以往往也广受父辈和祖辈们的宠爱，经济状况较之前几代人要更为宽裕。

所以当互联网渗入 95 后生活的方方面面，并成为他们生活中的空气和水之后，95 后在消费和借贷方面的第一次尝试，往往也来自于线上。像支付宝这样的寡头级应用，早已通过支付和消费场景的嵌入，成为 95 后日常生活的一部分。

这就是为什么，很多 95 后生活里的第一次透支，不是通过银行的信用卡，而是支付宝的花呗、京东的白条。如果钱不够用，还有借呗、微粒贷，甚至是各种消费贷、现金贷。

有一位网友小 D 曾经向菜导分享过自己在“双十一”的“剁手”经历：

小 D 作为一名在校大学生，在“双十一”前前后后买了近 20 件商品，直到花呗不够用才停手，购物车里还躺着一大堆想买却无力支付的东西。结果不仅 11 月的伙食费提前花没了，还得厚着脸皮向父母要一笔额外的生活费。虽然对自己的行为感到不好意思，但是小 D 说，很难控制自己的购物欲，尤其有了花呗以后，线上花出去的钱仿佛都不是钱。所以到了“双十二”的时候，小 D 又继续“剁手”，买了一堆东西。

小 D 的案例并不是孤例，类似花呗这样的互联网金融服务的推出，以及各种分期消费平台的普及，让越来越多的 95 后加入了透支消费、超额消费的大军。这种消费主义盛行的原因大都为了满足年轻人旺盛的购物欲和尝鲜劲。

比如一部 5000 元的手机，若全款购买，按照一个月 1000 元的生活费来算，每个月攒一半，要省 10 个月的生活费才买得到；每个月攒 250 元，就要等 20 个月才能买得到。

但是如果使用花呗分24期购买，就能马上买到一部5000元的手机，算上分期费用，一个月可能只需要还250元。对于95后来说，每个月还250元的压力并不大，用最小的压力在最短的时间获得自己喜欢的东西，大部分人都可以接受。

没钱花的时候，借钱花、分期花，95后并不觉得是什么坏事，之所以超前消费，是相信自己有能力还清——能花的钱，为什么不花？

尤其是在消费金融门槛不高的情况下，95后能够轻易接触和使用消费金融产品。一部手机通常装有多个消费金融选项。但实际上，由于95后普遍收入有限，导致还款能力也非常一般，除了向家人求助，更有部分95后会选择多头借贷，以“拆东墙补西墙”的方式偿还到期账单，其中还有少数95后出现过逾期补交的情况。

可以看出，相比其他年龄段的人群，95后更依赖于消费金融产品的支持来缓解一次性消费的压力，且无论金额大小，都会优先使用分期付款。这也使得以校园为典型场景的消费金融服务一度发展得如火如荼，并由此催生出“裸贷”等负面事件。

从理财的角度来看，菜导觉得适度的借贷消费并不是问题，问题在于要和自己的收入相匹配。举例来说，一位刚刚工作不久的95后小E在微信上咨询：我现在工资到手4000元，却看中了“双十一”促销活动中的一个2000元的耳机，你说我买这个东西，过分吗？

菜导当时的回答是，买是可以买，但至于是否过分，你得问自己三个问题：

(1)以你现在的收入购买耳机后，会不会影响你的生活？

(2)如果现在的收入少，那能不能靠未来收入的提高来缓解这次支出

的压力？

(3)你现在的这些收入，是“一人吃饱全家不饿”，还是需要用于其他的用途？

如果你觉得这笔开销不影响你的生活，你又特别喜欢这个耳机，那偶尔任性是可以的；如果你觉得虽然目前收入少，但未来收入增长的希望很大，那也可以买，无非就是短期内过得紧巴一点；如果你明知道自己收入少，短期内也无法改善，且还有很多地方需要花钱，那最好先不要买。

菜导认为，对于刚刚进入社会，希望感受生活的95后来说，像购买2000元耳机这样超前的消费肯定有各种好处，但绝对不是最迫切的需要之一。刚开始工作收入不高，要避免成为月光族，也更应避免通过超前消费来获得超出自己现阶段能力的物质享受。

毕竟，在这个无孔不入的互联网营销时代，各种各样的平台和应用都在怂恿你“买买买”，却没有人管你下个月的花呗到底该怎么还。天天鼓噪着“自由天性、享受第一”，却忘了告诉你“没有自律，哪来的自由”。

当然，作为下一代的主力消费人群，95后从小生活优渥，对于未来保持着相当明确的乐天态度。所以菜导也觉得，与其一味训斥他们靠借贷支持的超前消费行为，还不如正确引导他们如何通过借贷过上幸福的生活。毕竟，借贷本身并不是一件“难为情”的事情。钱，只有流通起来，才能发挥它的价值。借助杠杆背负合理的债务以增强流动性是必不可少的一环。合理信贷不仅提前享受到了美好生活，还能成为自己积极工作、赚钱的动力，也不失为一种“正能量”。

“丧”[①]与闯:95 后的一体两面

95 后看起来比诸多“老一辈们”要更喜欢及时行乐,造成这一现象的原因,除了时代、三观和教育背景等因素之外,还有时下经济大环境的影响。

菜导在与很多 95 后聊过之后,发现出生于 1995～2000 年的这一批受过高等教育,在大城市打拼的年轻人,目前几乎都面临较大的生活压力。一方面,这一代人虽然在进入社会之前没有经历过什么苦难,但他们结束求学历程进入社会的这几年,正好是国内外经济漫长刺激周期的末期,机会虽然看似越来越多,收入也看着不错,但在经济放缓的大环境下,初入社会的年轻人很难对自己的职业前景进行合理的规划。另一方面,这一代人又恰恰是中国房地产市场巅峰时期的见证者和接续者,如今买房相对较高的“上车门槛”和月供压力,也使得他们在应对困难时找不到足够多的应对策略。

所以,每当看到那些评述 95 后迥异于前人的职场表现的文章或报道时,菜导都觉得,很多关于 95 后的事情,我们都得分两面来看。

---

① 丧文化指一些 90 后、00 后的年轻人,在现实生活中,因为生活、学习、事业、感情等的不顺,在网络上、生活中表达或表现出自己的沮丧,以形成的一种文化趋势。

例如，95后最典型的一个共同点：一言不合就辞职。根据领英公开调研数据，70后更换第一份工作的平均时间是4年，80后是3年半，到了90后骤减至19个月，而95后第一份工作的平均在职时间仅仅只有7个月。

菜导也问过很多95后辞职的原因，大多数回答都是这样的——“拿多少钱做多少事”“压榨我”“干得不开心了”……这些理由简单而粗暴。

这样的“豪迈之气”，颠覆了很多在职场摸爬滚打已久的老一辈职场人的认知。也难怪网友会调侃说：“不要骂年轻人，他们随时会辞职的，但是可以骂中年人，尤其是有车有房有孩子的。”

菜导在工作的过程中也接触过不少95后，了解到很多95后的职场故事，相比保守的老一辈而言，很多95后在职场上确实自带“萌新的彪悍”。但如果你跟他们深聊一下，会发现其实也跟其他年龄段的职场人差不多。用马云那句经典的话来总结：“辞职不外乎两点，一是钱没给到位，二是心委屈了。”

对于95后来说，钱少、事多不能忍，自我感受和兴趣也很重要，希望从事的是自己喜欢的事情，能够从中获得成就感。所以与其说95后的“彪悍”职场行为引发了人们一系列的问题和困惑，还不如说95后的“彪悍”更多只是外界的一种误解。

毕竟，95后成长于经济蓬勃发展的时代，物质条件丰富，独生子女居多，没有要扶持兄弟姐妹的家庭负担。用网友们的话来说，“95后都有一张没被欺负过的脸”。在亲子关系上，95后家庭里父母的绝对权威性在逐渐下降，更倾向于以平等的方式进行相处。因此，95后比较注重平权意识，在职场上也一样。另外，95后是随着中国互联网共同成长的一代，在视野、文化认知、思维方式和价值观等方面都和其他年龄段的人有很大不同。

以上种种,造就了95后"彪悍"的职场作风。对此,外界主要出现了两种声音。

一种是批判的声音,干不了几个月就跳槽,95后不能吃苦、自私、任性、玻璃心、不踏实。

另一种是支持的声音。有人说,95后在职场上的"彪悍",其实也是一种有主见、有勇气、不勉强自己的态度。这种随时准备离开的勇气,是时代进步的一种表现。

菜导觉得并不是95后不想吃苦,只是他们不愿意在无意义的事情上付出不必要的精力。也就是说,他们更在乎自己的感受,更在乎自己的价值。

很多老一辈喜欢拿以前的经历教育年轻人:以前条件多么苦,吃不饱、穿不暖,交通不方便,现在你们有这么好的条件,怎么还抱怨呢?但菜导觉得,条件变好了,也要辩证看待。虽然以前的生活条件很简陋很朴素,但工作生活节奏也很慢,通信不发达,这也未尝不是好事,起码人一离开单位,时间就是属于自己的。

而现在的95后职场人在一天24小时里,真正属于自己的时间或许只有手机关机的那一刻。高强度加班不是一种吃苦吗?一定要吃不饱、穿不暖才符合吃苦的定义吗?

所以,菜导相信再等几年,等95后逐渐成长为职场的中坚之后,人们才会明白,"95后不能吃苦"这个命题,其实是不成立的。另外,如果把评判的眼光放得更为长远一些的话,你会发现在过去,由于工作选择的余地比较少,所以很多老一辈在一个单位就是一辈子,一干就干到退休。而现在选择比较多，如果工作不满意，也确实无法强求年轻人“在一棵树上吊死”。像“吃亏是福”和“退一步海阔天空”这样的至理名言，对于注重自我感受、追求平权的95后而言基本也算是空话一句。对于他们来说，人生苦短，大家都生而平等，凭什么要我委屈自己来成全你？吃亏是福，那你吃吧，我不吃。退一步海阔天空，那你退吧，我不退。因此，相比老一辈“一眼望到头”的稳定，95后更喜欢折腾，也更敢折腾，“此处不留爷，自有留爷处”。

从理财规划的角度来看，对于一份不适合自己，待遇不合理，看不到前景的工作，跳槽未尝不是及时止损。有自己的主见，敢去选择适合自己的工作，其实也是95后思想进步的一种体现。

与其说95后不靠谱，倒不如说是以前的员工受限条件太多，无条件选择，过于牺牲自我感受。95后看似“彪悍”的作风，也是一种职场自我意识的逐渐觉醒。

虽然人间不值得，但“丧”的快乐很简单

作为一种生活态度，“人间不值得”①这句话在95后当中非常流行。

① “人间不值得”出自《人间失格》（[日]太宰治）这本书中的“生而为人，我很抱歉！人间不值得，在此告辞！”后因脱口秀演员李诞的一条微博内容：“开心点朋友们，人间不值得”而走红于网络。

其原话是当红节目制作人李诞在微博上分享的:“开心点朋友们,人间不值得。”

坦诚说,李诞的这句话本意是还算积极的。他的意思是让年轻人不要太在意世俗纷扰,尽量活得洒脱一点。但很多95后看到了这句话的第一反应却还是:虽然世事确实不值得你伤心纠结,但为啥我还是觉得“丧”得很?或许人间就不值得我来一趟。

但与这种“丧”气满满的人生观相匹配的,却是另一种看似矛盾,实则自然的生活态度:**不准不开心**。

说到底,菜导觉得相比60后、70后、80后,甚至是出生在95年之前的90后,在刚步入社会的时候,所承受的压力确实没有如今的95后大。

各种压力,让已经习惯了优渥生活的95后感受到了极大的落差。所以,确实有不少95后在发现了理想与现实的巨大鸿沟之后,第一次明白世界有自己的运行逻辑,并不像此前的家庭和学校生活那样完美。而每个人都是趋利避害的,当这些年轻人聚在一起,自然会形成他们独有的适应方法和处事态度。像“人间不值得”这样暂时忘记理想、埋头低调生活的态度或许有点犬儒主义,但也算是95后的无奈之举。

实际上,像“人间不值得”这样略显颓废的人生态度,不仅仅是中国95后独有的现象。菜导觉得,这反而是社会经济发展到一定程度后,必然要经历的一个过程。

比如在日本,在经历了数十年的高速发展后,社会结构已基本固化,留给年轻人的机会越来越少,收入缩水,连一贯信奉的“读书改变命运”都快成为“痴人说梦”了。于是,很多日本年轻人开始过上了一种与世无争的“佛系”生活。不爱聚会、避免社交、沉迷烟酒、不想恋爱、热衷于“宅”[①]……由此产生了一系列的社会问题：年轻人尽可能远离消费，加剧了日本经济“通货紧缩”；中老年人手里的日元变得越来越值钱，进而更倾向于购买进口商品，加速了日本的制造业流出；第二产业凋敝，第三产业的容量有限，留给年轻人的工作岗位也变少了；没有稳定工作的年轻人越发不敢消费，最终形成恶性循环。

由于留给年轻人的上升通道也逐步随着经济泡沫破碎而关闭，导致很多日本年轻人认为读书并没有什么用处，还得背负极大的经济压力，所以在日本上大学已经成为一件性价比极低的事情。

在韩国，类似的现象也已经发生。韩国广受儒家文化的熏陶，在家里讲究孝道权威，在企业讲究层级关系，在社会上讲究门阀出身，所以年轻人面临的压力更为残酷。如果你了解过那些二十出头的韩国青年的生活状态，会发现他们被各方面的约束压得喘不过气来。

很多韩国年轻人把自己称为“N抛世代”，即为了生存，可以抛弃爱情、婚姻、孩子、房子、生活……但真当你抛弃掉生活中这些最宝贵的东西以后，会发现人生已经了无生趣，最后能抛弃的，也就是自己的生命了。所以，现在韩国的自杀率世界最高，出生率世界最低。

菜导介绍韩国和日本年轻人的例子的用意很简单：大家完全不必对95后“人间不值得”的人生态度过于苛责。与其对95后进行道德压制，还不如想想怎么合理引导。菜导就发现，身边有很多年轻人已经陷入“工作—累—花钱解压—穷—更辛苦地工作—更累—更拼命地花钱”的无解循环（见图1－1）。

---

① “宅”指爱待在家里，不善、不爱交际的人。

图 1-1　95 后情绪恶性循环示意图

在这个循环里，有的人或许通过超前消费，在短期内用上了自己梦寐以求的各种中高端消费品，但也意味着他们需要不停地为自己所追求的生活品质工作。而一些年轻人在短暂的享受和快乐后，便陷入了难以自拔的债务泥潭。层出不穷的各种现金贷、消费贷丑闻，就是这么来的。

“不准不开心”这样的消费主义人生观之所以能在年轻人中间快速传播开来，一方面是因为年轻人喜欢通过“买买买、玩玩玩”来提升自己的幸福指数——而这种提升往往又是极为短暂的，需要不停地补充和刺激。

另一方面，也有不少生活相对优渥的 95 后，把消费和享乐作为自己身份标识和个性表达的主要手段，所以什么流行就买什么、什么价格高就买什么、什么看起来高端就买什么。

但实际上，所有消费和享受带来的快感呈边际递减。一开始，买一支几百元的口红能开心很久，之后几千元的新手袋也觉得就那么回事，最后上万元的饰品也只能心动一小会儿了。

也就是说，人的欲望是内心里躁动的巨兽，一旦释放出来，内心反而会感到更加的空虚。

在购物消费之外，值得95后去努力的事情，其实还有很多。有句话说得好：这个世界上，真正具有长久价值、最昂贵的奢侈品就是健康、时间和知识。你如果留意过那些真正成功的富豪们的生活节奏，会发现他们其实过得非常充实、自律、健康。这背后体现出来的，是富人与穷人在自我认知和处世方式上的本质差异。穷人很少想到如何去赚钱，以及如何才能赚到钱；而富人骨子里就深信自己生下来就要做富人，强烈的赚钱意识已融入血液，他会想尽一切办法使自己致富。

对于95后，莱导想说的是，“不准不开心”的态度并没有错，但对你们来说，人间仍然是“值得”的。

首先，中国社会的跃升通道仍然很多，中国作为全球第二大经济体，也给了我们足够多的创新和试错空间。只要你足够聪明、足够大胆、足够努力，仍然可以实现“咸鱼翻身”的梦想。

其次，中国社会并没有极其严苛的阶层分隔和权威意识，在东西方文化的交融下，企业对于年轻人的态度、社会给予年轻人的空间和家庭给予年轻人的支持，都是不错的。

最重要的是，颓废而不自知的“不值得”和不断靠“买买买”稀释“不开心”，并不是解决问题的好方式。人的时间可以管理，情绪可以管理，目标可以管理，欲望也一样。

在菜导看来，**人生就像是一条曲折向上的阶梯，真正值得你去争取的东西在高点，需要不断地提醒自己，不断地约束自己，不断地给自己制定目标计划，是一个不断攀爬的过程。**

所以别让独一无二的你，在各种各样的"不值得"和"不开心"中隐没了自己，丢失了明天。你可以做的事情有很多，小到一点一滴的记账，大到几千一万的投资；从努力去多考一个证书，到完善职业生涯的规划，都是你积累财富、丰富人生的开始。

千万别在人生最富创造力、最有发展潜力的时候，就轻易对未来说放弃！

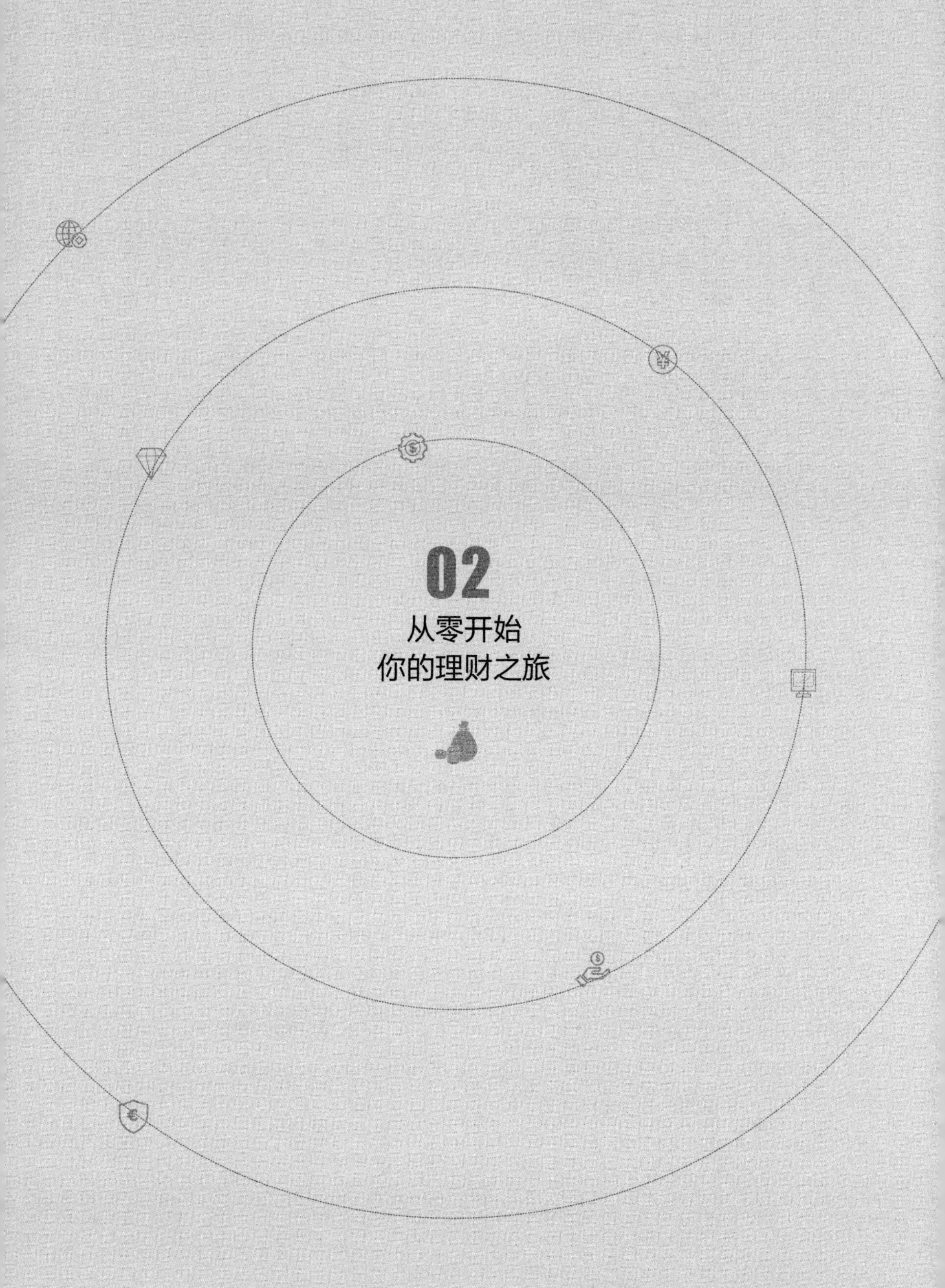

02

从零开始 你的理财之旅

对于理财，95后大致持这样两个观点：

其一，反正还年轻，及时行乐，钱花光了再赚，何必及早理财；

其二，赚的钱根本不够花，哪里需要理财呢？

以上两种观点正确吗？

一般来说，人生有四大“钱关”，第一关是30岁的结婚关，第二关是35岁到40岁的买房关，第三关是50岁的子女教育基金关，最后一关就是60岁的退休关。

95后即将要面对的，就是人生第一个“钱关”。

为什么要理财

首先需要明确一个问题:什么是理财呢?一般来说,理财指的是对我们手上的钱财和债务进行规划和管理,以实现财富的保值与稳健增值。

清楚了理财的基本概念,就要思考一个问题:理财重不重要?

在菜导看来,在如今这个时代,学会理财已经成为刚需,是每个人都应该掌握的生存技能。先给大家讲一个故事。一对大学老师,夫妻。在大家的印象里,大学老师的生活是怎样呢?钱多事少,工作稳定,假期又长,生活很安逸。但是这对夫妻却恰恰相反。由于家中老人突发重病,他们不仅失去了安逸的生活,还背负一身的债务。为了筹钱给家人治病,他们除了上课之外,一天要打好几份工。更可怜的是,妻子孕期坚持上课,生了小孩,月子没坐完又继续去兼职赚钱。可以说,因家人重病,一夜之间这对大学老师的生活就从中产跌落到底层。

其实,在我们身边这样的事情很常见。那些在朋友圈众筹治病的故事背后是一个个一夜返贫的家庭。但是大家有没有想过,一夜返贫真的不可避免吗?如果这对大学老师能提前做好家庭保险规划,或者说有意识地预留出救急保命钱，抵抗未来的不确定性风险，他们不至于沦落至此。

因此，理财的第一个意义不是帮你赚钱，如果有人一上来就告诉你理财能赚多少钱，那一定是别有用心。**理财的首要意义其实是帮你防范风险，保卫你的财富，稳住你的生活**。当你遭遇人生的重大意外时，不至于惶惶不知所措，甚至是一夜返贫、家庭破碎。

理财的第二个意义是跑赢通货膨胀。简单地说，钱变得越来越不值钱，而物价却越来越高。只要经济向前发展，通胀永远都存在。

而理财是普通人为数不多的跑赢通胀的方法，赚到手上的钱想要不贬值，必须要有钱生钱的意识。不理财就意味着自己辛苦赚到手的钱被不断稀释，与富人的财富差距会越来越大。所谓的富人思维就是把资源转化为财富，如何利用钱生钱决定了你的财富增长速度。

除了担心手上的钱贬值，相信大家更害怕的是手上的钱被骗走了。最近几年，不少诈骗金融平台纷纷“爆雷”，涉案金额动辄数十亿元。很多人本来指望以此赚钱，结果不但钱没赚到还血本无归。

很多人也因此不敢理财。但越是拒绝理财的人，往往越容易掉进骗子的圈套。这大概有两层原因：一是不理财的人觉得理财收益太低，一旦面对高收益就容易丧失理智；二是因为真的不懂理财，很容易被骗子糊弄。

除陷入金融骗局外，因不懂理财，容易投资失败。同样是买基金，为什么别人能赚钱而你总是亏钱？为什么别人能低吸高抛，而你总是在高位接盘呢？这背后同样是因为你不懂理财、不会理财。**这就是理财的第三个意义：避开陷阱**。

最后，随着大家进入社会，职业人的身份越久，会越来越看明白一个道理：单靠工资很难致富。中国人民银行的一份报告显示：2017 年全国居民人均工资性收入仅增长 8.7%，而人均财产净收入大幅增长 11.6%。也就是说，投资性收入开始追上并超过劳动性收入。

劳动性收入，大家应该都懂，就是每天上班的收入。什么是投资性收入？用时下的流行词来说，就是“睡”后收入，当你睡着了，你的财富还在增长，而理财就是提高“睡”后收入的最好方式。这意味着我们已经进入一个全新的财富时代，大众理财的意识已经被唤醒，全民理财的时代已经到来。

所以，在新时代的大趋势之下，未来社会的结构分化将会更加剧烈，向上将属于善于理财的人，向下属于仅靠工资的人。如果你不理财，你注定是被这个时代抛弃的。**这就是理财的第四个意义：跟上时代**。

所以，也别再自我麻醉说“人生不值得”，趁年轻先享受。如果你不好好打理你自己的财富，那么最后连未来的门槛都很难摸到！

理财“难于上青天”？

既然理财这么重要，那为何 95 后总感觉自己离理财很遥远呢？

原因很简单，理财的门槛虽然不高，但要想摸清楚里面的门道，其实挺不简单。举例来说，如果你是一个有点小积蓄的普通人，在现在的市场环境下，都可以去哪里获得专业的理财投资建议呢？

一般来说，主要的渠道有四个：

(1)银行

对于绝大多数中国人来说，可能对于金融体系的认知就几乎等同于银行。而银行也确实在中国现行的金融市场中扮演着定海神针的角色。

所以，只要银行的品牌名声足够响，很多人去了银行之后就懵懵懂懂地在银行员工的介绍下，开始了自己的第一次投资理财。而自己挑选理财产品的标准，基本也就看看收益率的高低了。

但实际上，跟你打交道的银行理财经理，也不一定真的懂理财。要知道，中国大大小小银行有几千家，从事个人业务的员工总数超过百万，而直接面向普通客户的理财经理、客户经理等专职人员，也有几十万之巨。

这几十万人里面，几乎90%以上都在为如何完成自己的业绩指标而发愁。所以他们推荐给你的并不一定是推销时承诺的“量身定制”的产品，反而是业绩压力最大或佣金最高的产品。

当然，银行也有非常专业的理财经理，但这种要么可遇而不可求，要么早就被银行内部选拔去私人银行中心给VIP客户提供服务去了。毕竟服务好富人给银行带来的收益更高。招商银行的数据就表明，服务好2%的富人客户，就能给银行贡献80%的财富价值。

(2)保险

在一些国家，保险代理人受雇于某个家庭来给全家提供服务，这些人学历高、资历深、服务态度好，从客户的角度出发，来提供全面的资产配置建议。所以，在国外卖保险，做一个独立的保险代理人，是一份很受尊重的工作。

但在国内，一提到保险代理人，给人的感觉就是拉亲戚朋友入伙、靠各种哄骗方式成交的保险营销人员。甚至有“一人卖保险，全家不要脸”这个说法嘲讽保险销售员，但也确实说明国内部分保险代理人队伍的素质有待提高。

所以，不管你是几零后，想从数以百万计的保险代理人队伍里找到几个真正的专家获得靠谱的理财建议，难度太大！

(3)券商

还有一部分人，因为自己炒股，所以也会从券商那儿获得不少的理财投资建议。如果你运气好，遇到真诚又靠谱的券商客户经理，那确实能获取一些有效的理财建议。但由于客户经理的背景是券商，所以除了股票和他们自己公司能提供的其他理财产品以外，并没有太多资产配置意识。

(4)第三方互联网平台

没错，菜导说的就是包括菜鸟理财在内的很多依靠互联网给大众提供理财资讯和服务的第三方互联网平台或个人。通过互联网的方式了解理财信息、获得理财服务、购买理财产品，也是很多95后第一次接触理财的主要方式，也是未来大众理财的必经之路。

但这种碎片化信息传播的方式也存在很大的问题。比如很难获得系统化的理财教育，在理财服务的延续性上存在硬伤，在很多证照和资质上也不够齐全，等等。这也使得在互联网上也开始出现很多所谓“导师”，一波波地把自己的用户和粉丝往坑里带——这种行为被网友称作“割韭菜”。

著名“币圈大V”李笑来在《韭菜的自我修养》这本书里提到：“韭菜”严重缺乏基本的阅读能力。他们是那种买一辈子东西都不读产品说明书的人；他们是无论拿到什么，都要问别人怎么用的人。话说得虽然难听，但这其实是很多95后“萌新”，在初涉理财投资领域时的典型状态。

当然，如果理财是个人人都可以简单上手，且没有什么门槛的“学问”的话，也不会有这么多的人在里面沉浮半天，却鲜有实质性的收获了。所以这么说来，理财确实还是一个需要技巧和耐心的活儿。它不仅需要你有一定的专业认识，还需要你不断地提升和完善自己。更重要的是，越专业的理财产品和投资方式，就越需要你努力去克服人性中的诸多弱点——唯有这样，才能一步步地接近你所设定的理财目标。

举例来说，当股市暴涨的时候，哪怕是只“垃圾股”也会被市场爆炒，而且身处其中的股民们，也都觉得这是理所当然的。当市场涨到4000点的时候，都觉得6000点不是梦；等真到了6000点了，就敢往8000～10000点下注了。可一旦到了熊市，再优质的股票，也会被绝大多数人弃之如敝屣，没有最低价，只有更低价。再合理的建仓点位，也会有人冷嘲热讽，生怕踩空。

对于这种现象，“股神”巴菲特曾经点评过：“投资必须是理性的。如果你不能理解它，就不要做。”巴菲特还认为“要远离那些在股市中的行为像小孩般幼稚的投资人”。

所以，在理财投资的过程中，你能发现很多人性中与生俱来的弱点会被无限放大。如果你不能建立起自己的认知体系和操作套路，只会跟着市场的节奏随波逐流的话，那么往往只会落得竹篮打水一场空的结果。

在菜导看来，理财投资的境界分为四层：**最低的层次就是前面提到的这种毫无主见、随波逐流的理财思路**，也是我们最应该摒弃的。

第二种层次拥有一定的分析能力，能辨别多数理财产品风险的高低，

自主决定投还是不投。这种层次是菜导希望绝大多数 95 后都应该达到的。

第三种层次是趋势判断，能大致明确当前所处的经济周期，并能根据自身的情况对已有的资产配置计划进行调整，从而实现个人利益的最大化。

如果能达到这种层次，那意味着你至少经历过 1 次短的经济周期的洗礼，并通过实践建立起了自己的一套行之有效的投资策略。

至于最高的这一层次，则近似于投资哲学。就像巴菲特一样，把投资当作了一种信仰。

对于多数普通人来说，其实能达到第二种层次就已经不错了，至少有一定的识别能力。如果能够到第三种层次，就基本很难在理财的道路上摔跟头啦。

没钱就不用理财了吗？

看到这里，估计有的 95 后会开始犯嘀咕了：既然说得这么高深，那我还理个啥呀？还是先过好自己的日子吧。再说，真要理财的话，我现在手头也啥钱都没有啊？这还咋理？

其实这种感受在 95 后当中很常见。菜导也必须告诉大家，没钱就不用理财，绝对是一个很大的误区！当你钱少的时候不理财，等你钱多了，往往只会手忙脚乱。

估计还有人会说:“好了,菜导你不要吓我了,那这样吧,我先攒点钱,等我钱够多了,理财自然就会了呀。”

对于这种想法,菜导只想说:太天真。

原因很简单,你现在手上只有1万元,可能直接买货币基金。但如果你有100万元呢?情况就远没这么简单了。如果你有1000万元呢?你决策的难度就更高了。

想想,如果现在有100万元,你该如何分配理财?全部买银行理财?显然不合理。保险、基金、股票要怎么分配呢?对于没理过财的人来说,眼前一抹黑,根本不懂。

这也是为什么很多生活中突然一夜暴富的人不知所措的原因,因为虽然有了钱,但是驾驭钱的能力为零,变回穷人是再正常不过的事。

驾驭钱的能力从哪里来?就是从学习打理少量财富开始积累而来,是一点一滴真刀实枪训练出来的,是你在理财的过程中不断学习尝试总结出来的,而不是凭空变出来的。所以,千万不要以为钱少不用理财、钱多自然会理财。

看到这里,估计有95后会问了,既然菜导用100万元、1000万元做例子,那么理财是不是就是为了有朝一日也能赚到这么多钱呢?

答案是否定的。理财的目标是财富保值和稳健增值,平均年化收益通常不过个位数,到百分之十几都很难,指望这样的收益率能带来暴富,太不现实。所以菜导再次提醒大家,那些对你鼓吹理财可以实现财富自由的人不是蠢就是坏。对于理财,大家要有一个清醒的认识:理财不是一夜暴富的投机赌博。指望理财暴富是大大高估了理财的短期收益。

说到这，可能你又有点蒙了：既然理财是刚需，但因为正规理财的收益摆在这里，所以很难指望理财一夜暴富——那我开不开始理财其实也还是没啥区别啊！对此，菜导在这里给大家分享一个理财概念：**72定律**。简单来说就是，以1%的复利来计算，72年之后，本金就能翻倍。

假如你用10万元理财，每年收益率为8%，那么9年(72÷8=9)之后，利滚利就能收获20万元；假如每年收益率达到12%，那么6年后，利滚利就能实现本金翻倍。因此，别觉得眼下一年几千元上万元的理财收益很少，只要你能一直保持这个稳健收益，就会发现理财带来的长期回报是非常可观的。所以，那些觉得理财收益太低的人，其实是低估了理财的长期回报。

讲了这么多，你会发现，无论是理财暴富论还是理财无用论，其实都忽略了理财最大的影响因素：时间。

在理财的过程中，时间到底有多重要呢？菜导用例子来证明一下。

假如同样是10万元理财，年化收益率为8%，而你比别人晚两年理财，那你两年后就比别人少16640元；如果晚五年理财，那就比别人少46932元；如果晚七年理财，那就比别人少71382元。

我们可以清楚地看到，在时间的助力下，理财收益呈现指数级增长，时间越长回报就越惊人。即使在一开始钱没那么多，收益没那么高的情况下，只要你坚定地和时间做朋友，自然会证明你的选择无比正确。

那些指望理财一夜暴富或者认为理财一无是处的人，本质上都是没有看到时间的价值。

股神巴菲特把自己的成功归结于滚雪球理论：人生就像滚雪球，重要的是发现很湿的雪和很长的坡。这个“很长的坡”就是足够长的时间，只有足够长的时间，你才能滚出巨大的财富雪球。因此，巴菲特利用时间的复利效应，最终成为屹立不倒的股神。

如何迈出理财的第一步

那么，95后的财富雪球，到底该从哪里开始累积呢？

答案很简单：工资！

要想分配好自己的工资，有一个最常用的分配“三步法”：

第一步：4～6成工资用于日常开销

对于绝大多数95后来说，菜导都建议你每个月固定拿4成工资用于日常开销。假设你每月工资有5000元，大致就可以安排2000元在日常开销上——如果是在一线大城市，考虑到房租和交通费用支出较高，比例可最高上浮至6成。

虽然这样日子可能会过得有点紧巴巴的，但对于年轻人来说，学会规划自己的收入和开支是一定要做的第一步。随着入职时间越长，你的工资可能不断上涨，你的生活也会越来越轻松。

第二步：2～4成工资用于存款 & 投资

2～4成工资用于存款或投资，是你开始理财生涯的关键一步。不积跬步无以至千里，不从工资开始尝试理财，你就会一直处于发了工资还欠款的循环中。

市面上有大量的现金管理类产品，给大家日常打理现金流提供了不错的工具。除此之外，菜导也建议你尝试包括智能存款、结构性存款在内的保本投资方式，抑或是尝试基金定投。

第三步：要留 1～2 成工资用于应急预备金

这 1～2 成工资换算成具体金额的话，你可能觉得根本都没多少钱，平时随随便便就花掉了。但从理财规划的角度来看，任何时候都应该做好应急突发事件的准备。

如今，伴随着互联网保险的兴起，以前觉得昂贵的各种商业险不仅价格变得更亲民了，有的付款方式还可以按月支付。这都给初入社会的年轻人们提供足够的方便。

你也千万不要觉得出现病痛或灾祸是概率极低的事情，就可以心存侥幸，觉得买保险是乱花钱，还不如留着自己好吃好喝。从菜导自己的经验来看，买保险一定要趁早。因为年纪越大，身体出现问题的概率就越高，不仅投保的价格会越来越高，还有可能被保险公司拒保。

从专业规划的角度来看，一个成年人完整的保险配备，应当包括重疾险、寿险、意外险和医疗险。如果你目前资金有限，一份重疾险和一份意外险一定要买。等工作稳定、收入提高，成家立业之后，再把寿险和医疗险配齐也不算太迟。

总之，对于 95 后来说，刚刚步入社会的前几年都难免收入低、工作忙，但是不管怎样都要养成理财的习惯，千万别让无休止的消费欲望支配了你的人生，别让各类消费金融产品成为压在你头上的大山。

现在的工资少没关系，合理计划分配自己的工资才是关键。一直坚持培养合理分配工资的习惯，十年后你将别有收获。

理财＋自律＝自由

前面说了这么多关于理财的基础认知，估计大家也都对理财有了自己初步的理解。

在菜导看来，95后学习理财的首要目标，其实不是赚到多少钱、完成人生梦想、实现财务自由之类，而是养成最基本的自律的习惯。

就像菜导在前面曾强调的那样，**理财本身是一个反人性的过程，所以要想成为一个理财的达人，必须有足够的定力——也就是说，你必须足够自律。**

自律为何如此重要？如今，“月光”几乎是95后的常态，加上还花呗和信用卡的钱，估计不少95后都是“月欠族”①。菜导其实很想问问大家：刚参加工作时收入只有几千块，月光还情有可原。但工作好几年后，工资上涨，你月光不变。钱都花到哪里去了？

原因很简单：你花钱毫无节制，自然就省不下钱。有人要说了：我的

① 月欠族，网络流行词，指没到月底就把钱全部花光并透支消费的人。

开销都是必须的，我要吃饭、要打扮，还要换手机。听起来是没错，但是这里面其实有个很大的问题：没有分清楚必要的消费和不必要消费。吃饭是必要的消费，体面的打扮也是必要的消费。但是你顿顿豪华套餐，件件衣服都是名牌就是不必要消费；你月收入 5000 元，想买 4000 元的包，你月收入 3000 元，想买苹果新款手机，这就叫不必要消费。不必要消费，**特指超出你的收入水平且不能承受的开支**。若分不清“必要”和“不必要”的消费，那你就永远徘徊在“月光族”甚至“月欠族”队列中。

做一时的“月光族”没关系，但是时间久了：你不敢生病，不敢换工作；买房、结婚、生孩子更不敢想；最后，你不敢为梦想做选择，生活毫无自由。

股神巴菲特说过：“钱可以让我独立，然后我就可以用我的一生去做我想做的事情。”

正所谓“手中有粮心中不慌。”理财之前一定要告别月光，减少不必要的消费，强制攒下自己理财的第一桶金，踏上理财之路，追求更美好的生活。

那么，怎样才能告别不必要的消费呢？很多人会说，我知道自己花钱如流水，但就是止不住啊，而且很多时候自己也不清楚钱都花到哪里去了。这就涉及一个新的知识点：**理财的第一步是学会记账**。

在这里，菜导先和大家讲一个亿万富翁记账的故事。

2017 年 3 月，美国亿万富翁大卫·洛克菲勒去世，而他的爷爷老洛克菲勒是美国历史上第一个亿万富翁。在洛克菲勒家族，有许多广为流传的家训，坚持记账就是其中之一，这个传统就起源于记账员出身的老洛克菲勒。

在工作的第一年，老洛克菲勒的收入还不够开支，看来和现在的月光族也差不多。但是，老洛克菲勒在记账本上写道：支出超过薪水 23.26 美元。不仅是日常开销，老洛克菲勒甚至把感情开销也记录下来。在他 1864 年的账本上，清楚记载了恋爱和结婚时的开销。

正是因为坚持不懈的记账，老洛克菲勒对成本核算格外敏感。1879 年他写信给一个炼油厂的经理质询：为什么你们提炼一加仑要花 1.82 美分，而另一个炼油厂每加仑只要 0.91 美分？类似的信他写过上千封，任何微小的浪费，都逃不过他的眼睛。

老洛克菲勒能通过查阅账本准确迅速地了解各分公司的成本、开支，销售以及损益，堪称是统计分析、成本会计、单位计价学的大师。此后，记账就成了洛克菲勒家族的传统。洛克菲勒家族的每个孩子都需要记账，精打细算的优良习惯护航这个家族走过百年历史。

既然亿万富翁都要记账，那么普通人要积累起自己的财富自然也要记账。一般来说，记账的目的有三个：了解自己的收支情况，分析自己过往支出的规律和收入的变化，根据前两步规划未来的收支。

按照上面所讲的，记账其实是一个循序渐进的过程，要发挥记账的真正作用，不仅要身体力行长久坚持，而且要勤于总结思考，学会解读账目。

这里，菜导也总结了记账进阶三部曲，大家可以参照学习：

第一步，坚持记录。坚持是记账的基础，只有记录足够全面的收支数据，你才能慢慢感受到自己花钱不合理的地方。不能坚持记账，剩下的都是空谈。

第二步，归类总结。记账是一件很烦琐的事情，平时记账都是零散的，比如仅交通一项就包括公交、出租车、地铁、飞机等，而且有些交通费用可能属于旅游花销，这就需要化零为整归类总结。

第三步，规划预算。通过记账，对日常各类开销了然于胸之后，就可以提前规划预算，要留出多少钱作为日常消费，还可以设置预算上限，心中清楚自然就能避免冲动消费。

做到上面这三步，你就能清楚了解自己每个月的开销和结余，不仅能够做到花钱心中有数，而且理财能力也能节节高升。

恋爱中的经济学

在我们谈论了那么多理财知识之后，可以发现其实在恋爱中处理一段感情和处理自己的财富是类似的，所以菜导接下来想从理财的视角来聊一聊恋爱这个话题。

记得在《奇葩说》第五季里，有一个辩题是：结婚前，男生到底该不该在自己的房产证上加上女生的名字。关于这个辩题的讨论，一度从节目内延续到了节目外。而当时在节目上，主持人蔡康永和经济学家薛兆丰对于这个话题发表了两种截然不同的观点。

蔡康永从感性的角度出发，不支持女性婚前要求在伴侣的房产证上加名字。他说：房子不是人生的全部，过于看重房子，这个出发点本身就是错的。提出这个要求，是对自己人生的想象的限制，相当于把对婚姻的想象都依据社会约定俗成的态度来进行，是把自己人生的幸福交到别人手里，偏离了对幸福在意的重点。

而薛兆丰则完全从理性的经济学的角度出发，支持女性婚前在伴侣的房产证上加名字。薛兆丰认为，结婚就是双方签合同办家庭企业。女性的资源是生育、抚养家庭，这些资源在前期会起很大作用，但很快就会消耗光；而男方的资源是大器晚成，要在很多年之后，才会起到作用。如果女方是播种者，男方只想做个收割者，那么女方就有被敲竹杠的风险，因此女方要房子是要让男人给一点抵押，不过是给未来做垫底和保护。

结果节目播出后，薛兆丰从经济学角度对爱情的解构，让很多人耳目一新。

实际上，恋爱过程具有一定的经济学意义，如果你不信，菜导再举几个例子：

(1)帕累托改进

帕累托改进是指在不减少一方的福利时，通过改变现有的资源配置提高另一方的福利。在资源闲置的情况下，一些人可以生产更多并从中受益，但又不会损害另外一些人的利益。在市场失效的情况下，一项正确的措施可以消减福利损失而使整个社会受益。

这个理论放在恋爱过程中，讲的就是男女双方不仅要实现心灵和情感的相通，也至少要有一个人不停地进步，同时这种进步不能建立在伤害伴侣的基础之上。

举例来说，小A和小B是一对情侣，在经过了热恋期以后有两个走向：第一种，小A发现，自己会因为小B无法控制住自己的情绪，每天担惊受怕，两人相处的时候矛盾越来越多。那么这个时候，双方就应该结束这段关系了。第二种，小A和小B都感到自己的生活质量比单身的时候要更好，不仅在情感上两情相悦，在生活上也能互相扶持。

两个人要想在一段恋爱关系中修成正果，一定是因为双方的出现都提升了自己生活的幸福指数。所以年轻的时候确实要找自己最喜欢的那个人，但如果你只是单相思，或者相处之后发现不适合，那就还不如找相互喜欢的，愿意为对方付出的。勉强是得不到快乐的，"在一棵树上吊死"更是亲手葬送了自己的幸福。

(2)机会成本

机会成本是指企业为从事某项经营活动而放弃另一项经营活动的机会，或利用一定资源获得某种收入时所放弃的另一种收入。另一项经营活动应取得的收益或另一种收入即为正在从事的经营活动的机会成本。通过对机会成本的分析，要求企业在经营中正确选择经营项目，其依据是实际收益必须大于机会成本，从而使有限的资源得到最佳配置。

这个理论应用在恋爱上，其实说的就是男女之间的选择。坦白说，谁也无法确定自己是否能遇上最好的那一个，最终和你走到一起的，往往只是在恰当的时间恰当的地点出现的最恰当的那一个人。

所以，恋爱中的机会成本一方面要求你在做出决定以前尽可能地慎重，不要因为一时的冲动而事后懊恼；另一方面则要求你在找到了合适的那一个人之后，也别再左顾右盼——毕竟两个人很不容易才走到一起，如果你觉得可以在稳住一段关系的同时去寻找下一段可能更好的关系，最终的结果很有可能是两段关系都以失败告终。

(3)边际效用递减

边际效用递减是现代经济学的基本规律之一，它指的是在一定时间内，在其他商品的消费数量保持不变的条件下，当一个人连续消费某种物品时，随着所消费的该物品的数量增加，其总效用虽然相应增加，但物品的边际效用（即每消费一个单位的该物品，其所带来的效用的增加量）有效递减的趋势。

就好比小A和小B恋爱之后，刚开始恨不得每天都黏在一起，但相处了一段时间以后，会发现很难再维持热恋时期的亲密度。很多情侣会以为这是对方不够爱了，但实际上双方对于彼此爱情的信念并没有多大的变化，只不过是因为长期地做同样的事情，说同样的话，很快便会丧失一开始的新鲜感。从人性的角度来分析，这就是人和人相处一段时间后必然会出现的倦怠，而从经济学的角度来看，就是典型的边际效用递减。

如何破解这种状态，答案很简单，反其道而行之。比如小A和小B应该定期去挖掘新的爱好，探索新的旅行目的地，追求新的生活或职场目标。这样双方都能在新的环境和挑战下，获得更多的动力，也加深对彼此的认知。

如果你总是一成不变，按部就班，那么久而久之，这种边际效用递减会直接影响双方感情的根基。到了那时候，对方可就不仅是对你倦怠了，而是对你厌烦了，甚至是不爱你了。

（4）沉没成本

用通俗的话来解释沉没成本，那就是如果你难以割舍已经失去的，只会失去更多。所以，别在“失去”上徘徊，我们应该忘记沉没成本，向前看。

在恋爱的过程中，经常会有一方因为曾经的付出而舍不得离开现在让自己不开心的另一半。但实际上，失去的就是失去了，如果你还是不能放下，只会让自己更难受。

比如小A很喜欢买名牌包，所以小B在恋爱的初期给她买了不少包包，花了不少钱。后来两个人闹矛盾了，小B想的不是怎样把这段关系更好地经营下去，反而是惦记着自己买包花掉的那几万块钱，结果当断不断，两个人都非常难受。

但实际上，对于不能追回的感情，我们都应该把它当作沉没成本放弃。这个放弃的过程会告诉你，在恋爱的过程中，每一个决定都不是说着玩，每一次付出都有代价，所以双方都要尽量避免做出伤害对方的事情，也不要花太多心思在那些无效的付出上。

(5)信息不对称

在经济学里面，富人之所以更富，往往就是因为他们比穷人占有了更多的信息渠道，可以帮助他们更好地做出投资决策。**而在恋爱的关系里面，信息不对称也是大量存在的**。

毕竟全世界几十亿人口，谁也不是天生就了解谁。所以要想在恋爱的关系中获得主动，往往需要在恰当的时机向对方充分交换自己的信息——讲白了，要想获得真挚的爱情，靠等是等不来的，看准了就要主动出击。

拿一部大家都比较熟悉的电影作为例子吧。在《那些年，我们一起追的女孩》里面，最喜欢沈佳宜的明明是柯景腾，但由于柯景腾一直扭扭捏捏，不肯直接说出自己对沈佳宜的想法，加上两人分居两地，导致沈佳宜后来对他渐渐疏远。就在这个时候，小胖谢明和站了出来，勇敢地向沈佳宜表明了自己对她的爱慕，结果他们两个人反而成了情侣。

柯景腾给沈佳宜制造的这种信息不对称，导致他们俩最终没能在一起。柯景腾只能目送自己心爱的女神，穿上婚纱成为别人的新娘。所以当你喜欢一个人，到了时机成熟的时候，一定要向他透露这个信息，打破彼此之间的信息不对称。靠等，是等不来结果的。

(6)供给要与需求匹配

目前,我们国家在努力推动去产能、去杠杆,为的就是主动淘汰落后产能,实现国民经济由旧动能向新动能的转换。而所谓的供给侧结构性改革,就是要把提高供给体系质量作为主攻方向,使得先进的供给能够满足现在还满足不了的需求。简单点来说,就是要使我们国家的企业能提供更优质、更高端、更高附加值的产品和服务,以满足日渐增长的民众需求。

在恋爱的过程中,这样的供给和需求之间的矛盾也是真实存在的。古人婚嫁讲究门当户对,说的就是双方家庭背景、学识教养、文化观念要基本一致,这样能在往后的婚姻生活中达到共赢的效果。

现在虽然不太讲究所谓的门第出身了,但菜导觉得,年轻人也还是可以按照“门当户对”的思路来处理恋人之间的关系。当然,这个门当户对不一定是双方的经济基础和家庭背景,更多是个体的素质和潜力。

灰姑娘有变成公主的潜力,所以短期内看着差距有点大并不要紧。但如果明明是只癞蛤蟆,还一心想着怎么去骗一口天鹅肉,那就很可能走向悲剧。

另外,任何时候,任何阶段,都不应轻易放松对自己的要求,然后才是对伴侣的要求。感情的经营,首先是经营自己,然后才是经营对方。不然伴侣的眼界高了,要求多了,你却还只能停留在原地,也就不能怪别人把你当“落后产能”淘汰了之了。

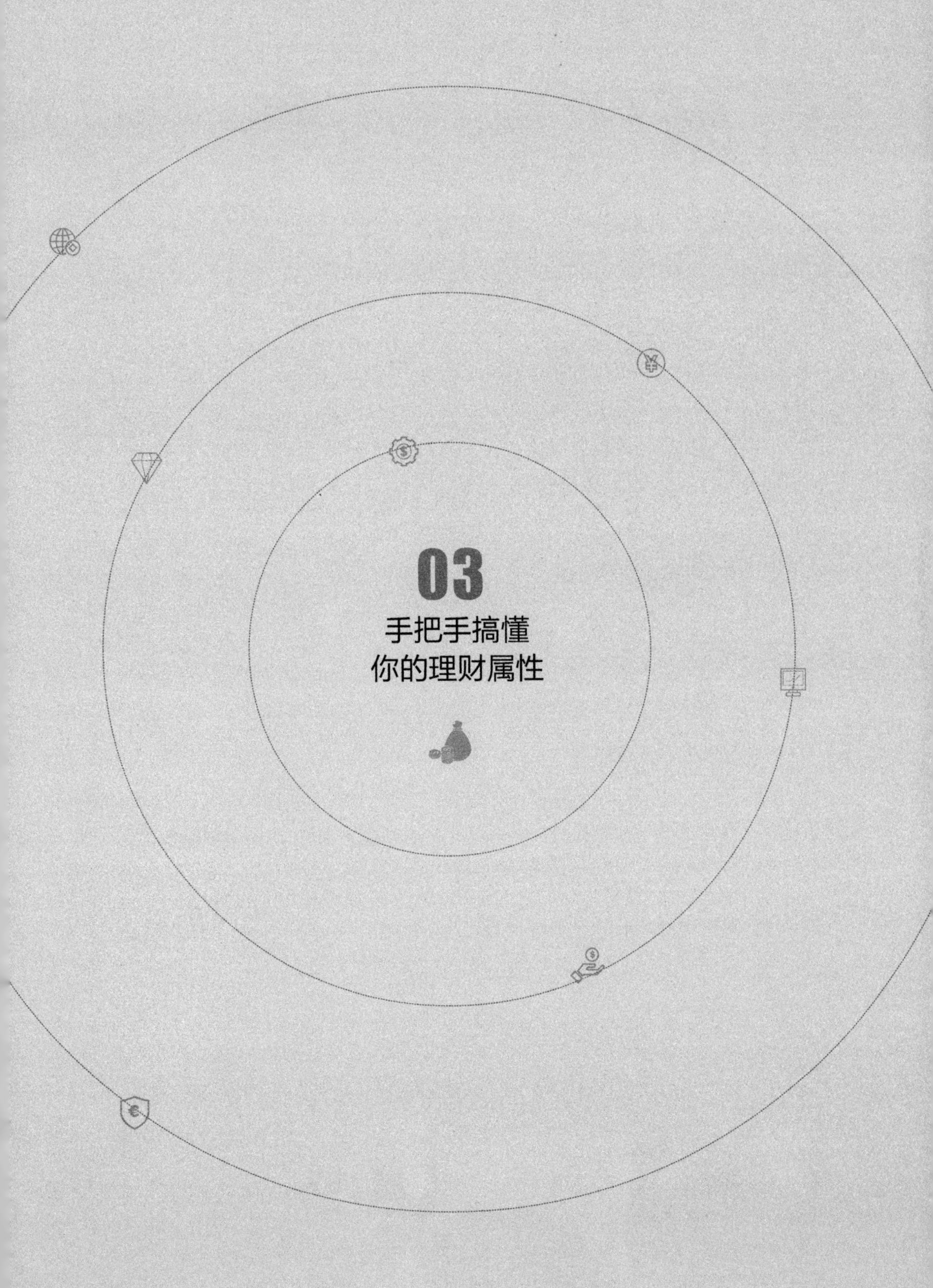

03

手把手搞懂你的理财属性

电影里面有一句台词："我并不爱钱，但我知道钱能带来独立和自由，我喜欢的是独立和自由的生活。"

——《爱情差错脚》

所以，95 后千万不要把理财当作一件麻烦事，因为如果你不是传说中的富二代，也没有独中几千万彩票的运气，但又想早日过上自己心目中的独立生活，对于自我财富的积累和掌握，将是你必须熟练运用的一项技能。

然而，在理财这件事情，并没有完全通用的"一招鲜"。因为每个人的特点和背景不同，所以在开始理财之前，我们往往会通过一些方式，来测试和了解每个人的不同属性和需求。

大前提:风险第一,收益第二!

很多人在弄明白了理财的重要性,并开始初步尝试理财之后,往往都会陷入更深的困扰:市场上产品那么多,投资的渠道也纷繁复杂,到底怎么选比较好呢?最好的产品是哪些?

其实,理财产品没有最好一说,只有适不适合,适合你的理财产品就是最好的。那么,要知道自己适合买什么样的理财产品,你必须先要了解两个概念:风险偏好和风险承受度。

风险偏好就是我们对风险的容忍程度。按照风险偏好不同,投资者一般可分为保守型投资者、稳健型投资者、进取型投资者。保守型投资者追求的是保本低收益,稳健型投资者追求的是承担一定的风险,获得稳健的投资回报,进取型投资者追求的是高风险高收益。

那风险偏好与哪些因素有关呢?

风险偏好可能与你的性格有关。平时生活中比较喜欢冒险的朋友,可能是一个进取型的投资者。性格比较内向的,可能偏向为保守型投资者。

风险偏好也会受到经济环境的影响。当经济高速增长,赚钱很容易的时候,投资者会比较乐观,自然更爱冒险。比如当牛市来临的时候,原来只存银行定期的保守型投资者,可能也开始投入股市。

风险偏好还取决于我们的财富来源。如果是辛苦工作积攒下来的钱,一般会趋向于谨慎避险。但如果是中彩票得来的钱,很可能就敢于拿去冒险。

总之,风险偏好因人而异。即使同一个人,在不同的条件下风险偏好也会发生变化。正因为风险偏好是一个很主观的概念,所以就有了另外一个可以参考的客观标准:风险承受度。

风险承受度是什么意思呢?是指一个人有多大能力承担风险,也就是你能承受多大的投资损失而不至于影响你的正常生活。通常来说,风险承受度与下列因素有关:

(1)收入和保障情况:收入越稳定,保障越充足,风险承受度就越高;

(2)家庭状况:需要抚养照顾的家庭成员越多,风险承受度就越低;

(3)年龄:越年轻风险承受度越高;

(4)投资经验:投资理财经验丰富者往往比理财新手的风险承受度要高,因为他们对资本市场的风险收益水平和波动已经有了一定的了解,也懂得如何去权衡。

好了,相信现在你对风险偏好和风险承受度这两个概念有了比较清楚的认识。现在我们就面临这样一个问题:选择理财产品的时候,我们是按照风险偏好来选择,还是依据风险承受度来选择呢?

举个例子,假设你现在的全部身家有 50 万元,家中有妻儿还有老人,有个投资机会刚好需要 50 万元,投资的结果有两种可能,一种可能是 50 万元变 100 万元，还有一种可能是 50 万元全部亏损。那你要不要尝试这个投资机会呢？可能你天生爱冒险也就是风险偏好很高，但是你要考虑自己的风险承受度，一旦这 50 万元亏光，你的生活将立马进入“地狱模式”，甚至可能家庭破裂。因此，这个风险实在太大，并不值得你尝试。

其实生活中这样的例子有很多。2015 年牛市，那些配资加杠杆的投资者，很多都因之后突然而来的熊市血本无归。说到底，就是风险偏好很高，高到超出自己的风险承受度而不自知。

因此，我们在挑选理财产品时，正确的方法是要让自己的风险偏好匹配自己的风险承受度。跟风险偏好类似，风险承受度实际上也是按照这个标准划分，从低到高分别为保守型、稳健型、平衡型、成长型和进取型 5 个等级。

需要提醒的是，虽然风险偏好是一个很主观的概念，但如果我们根据风险偏好来选择理财产品的话，往往容易走偏。选择风险太高的，可能承受不了损失；选择风险太低的，可能达不到理财的预期收益。

但是在一段时期内，我们的风险承受度是比较稳定的，这有助于我们做出投资选择。当然在不同的人生阶段，我们的风险承受度是不一样的，适合自己的投资品种也会相应地发生变化。

因此，当确定自己的风险承受度后，菜导建议主要依据风险承受度选择理财产品，当风险偏好与风险承受度不一致的时候，按照风险承受度的评级来选择理财产品更加稳妥。比如你的风险偏好比较激进，但你的风险承受度比较保守，那么在选择理财产品时，建议选择风险低或适中的产品。

总之，开始理财的时候，不应先关注哪个产品收益率最高，而是应该先评测自己的风险偏好和风险承受度，在风险承受度的基础上控制好风险偏好，才能在理财中立于"不败之地"。

两个小测试，Get 你自己的理财属性

前文已把理财的重要性和注意事项分析清楚。在接下来将通过两个小测试，让大家了解自己的理财属性！

先来看第一个测试，测一侧你的"理财指数"：

测试一:测测你的理财指数

(选 A 得 1 分;选 B 得 2 分;选 C 得 3 分)

1. 每个月拿到薪水后,我会________

A. 几乎花光光,有时甚至入不敷出。

B. 支付所有费用开销后,如果有结余,就存下来。

C. 把该存的钱先存下来,其余才拿去花费。

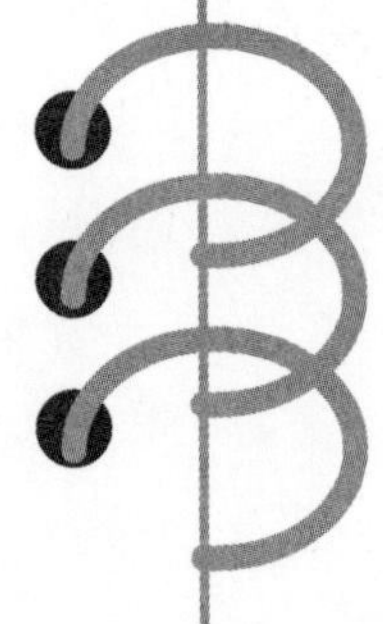

2. 出门逛街时,我通常是________

A. 看到心动的东西,随时下手买回家。

B. 出门前想一下买什么,但通常会买别的东西回来。

C. 出门前列购物清单,而且只买清单上的东西。

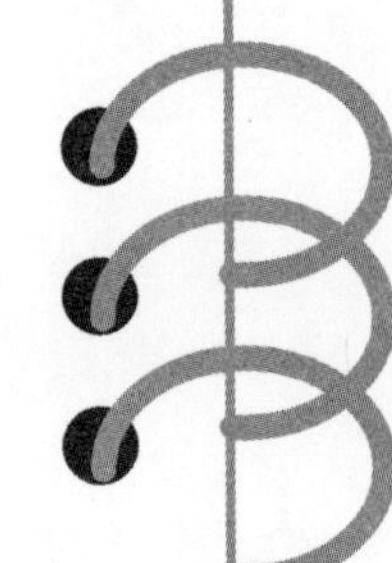

3. 每年该交的保险费,我通常是________

A. 时间到了才想到这笔花费,临时想办法解决。

B. 缴费前 3 个月才开始为它存钱。

C. 每月按时存钱,时候到了没有任何压力。

4. 关于存钱,我想的是________

A. 等我薪水更多时再来存钱。

B. 我想存钱,可是总是留不住钱。

C. 想办法存第一桶金,以后才能钱滚钱。

5. 关于存钱的目标，我的做法是 ________

A. 何必这么麻烦，有钱就花，没钱再来想办法。

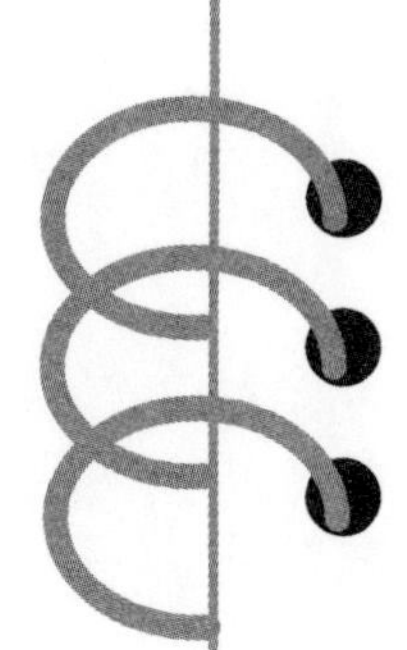

B. 我有制定存钱目标，但是两天打鱼，三天晒网，无法有效存钱。

C. 我有制定存钱目标，而且按月执行，离目标越来越近。

结果分析：

6 分及以下："月光族"。你的心态是赚多少花多少，完全没有存钱想法。建议先从强迫自己储蓄开始，例如基金定投等方式，敦促自己进入理财大门。

7～12 分：想存钱却不得其法。可能你控制不了欲望而过度消费，也可能是没有存钱目标导致无法持续。建议你要从分清楚"需要"和"想要"，重新学习收支管理方法。

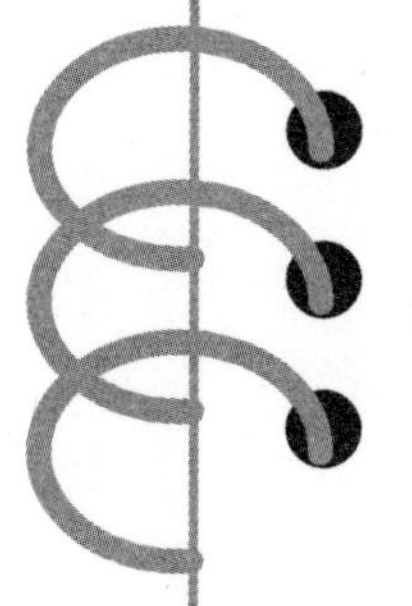

13 分及以上：恭喜你，你已经有存钱习惯。建议你可以检视自己每月薪水存钱比率，以最少每月存 20%以上为目标，甚至可以逐年调高存钱比率。

测试二：测测你的负债风险

（选 A 得 1 分；选 B 得 2 分；选 C 得 3 分）

1. 我使用信用卡的习惯是________

A. 通常只缴纳最低付款金额，其余就动用循环利息。

B. 偶尔动用循环利息，但大部分时候会缴清信用卡款项。

C. 循环利息这么高，我一定不会动用它。

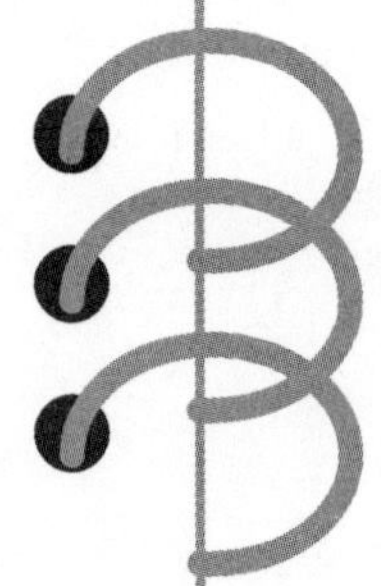

2. 电商大促时，我会使用分期付款吗？

A. 我手上钱不够，会使用分期付款。

B. 虽然我账户有钱，但若是免利息分期付款不用白不用。

C. 不会使用，即使是免利息分期付款，说不定银行会多收利息以外的费用。

3. 人家说，用买房子来强迫自己存钱，所以我每月愿意为房贷付出________

A. 薪水的二分之一以上。

B. 薪水的三分之一到二分之一。

C. 薪水的三分之一以下。

4. 我手边的现金加各类现金管理产品总额有________

A. 不到三个月薪水。

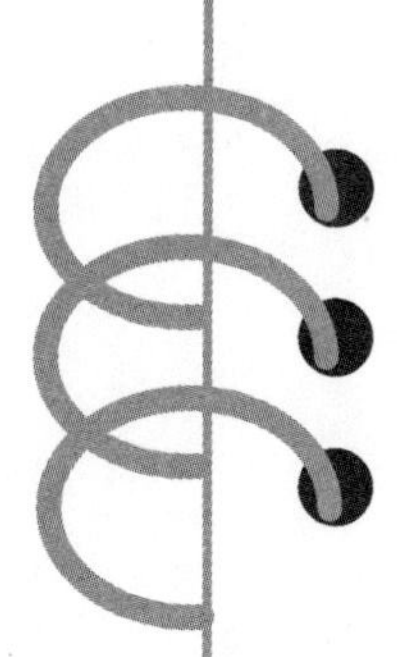

B. 三到六个月薪水。

C. 六个月薪水以上。

5. 我的保险状况是________

A. 没有保险。

B. 有保险，但不清楚自己的保险规划是否适当。

C. 有保险，也很清楚自己万一发生意外，保费应足以支付我的医疗及生活开销。

结果分析：

6 分及以下：表面看起来，你每月薪水似乎够用，但实际上你在累积负债黑洞。目前的你禁不起任何意外打击，失业或必须在家休养的意外都会使你陷入财务困境。

7～12 分：你目前虽每月没什么负债，但要注意将来可能出现的财务风险的管控，尤其是紧急预备金跟保险的准备，可能是你最需要解决的理财问题。

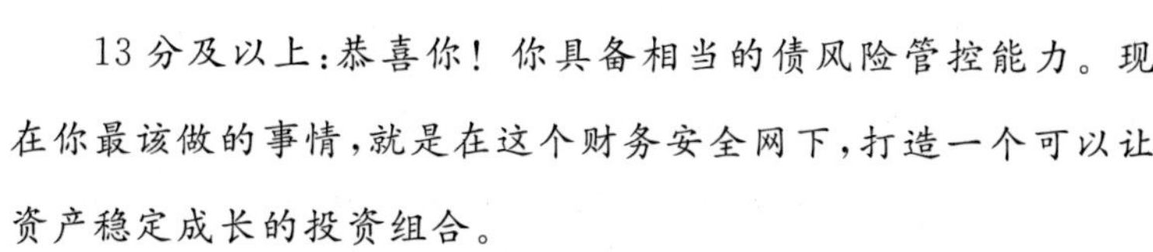

13 分及以上：恭喜你！你具备相当的债风险管控能力。现在你最该做的事情，就是在这个财务安全网下，打造一个可以让资产稳定成长的投资组合。

三座金字塔，搞定你的理财历程

过去，以中国经济的高速成长为背景，资本市场、实体经济、房地产均为投资人提供了极好的投资机会，如果把握得好，回报率高，风险低。但如今，"盛宴"已无法复制，市场开始还原它最真实的机遇、收益和风险。如果95后能尽早明确自我理财属性的认知，并形成自己的投资理财思路，依然能稳健前行。

在本章的最后，菜导分享三座金字塔，一方面是帮助95后明确投资理财的基本方法，另一方面也敦促每一位95后自我检视并马上进行资产布局。

投资目标金字塔

第一座金字塔是投资目标的金字塔（见图3－1）。

请记住，投资目标的设定也不是越高越好。巴菲特曾经忠告过：一定要在自己理解力允许的范围内投资。这一点菜导是非常认同的。投资是为了让自己的资产更好地保值增值，而不是一场莽撞的冒险游戏。

不同的理财目标决定购买不同种类的理财产品，要想清楚购买理财产品是为了获取短期高收益还是长期的稳健回报。对于95后来

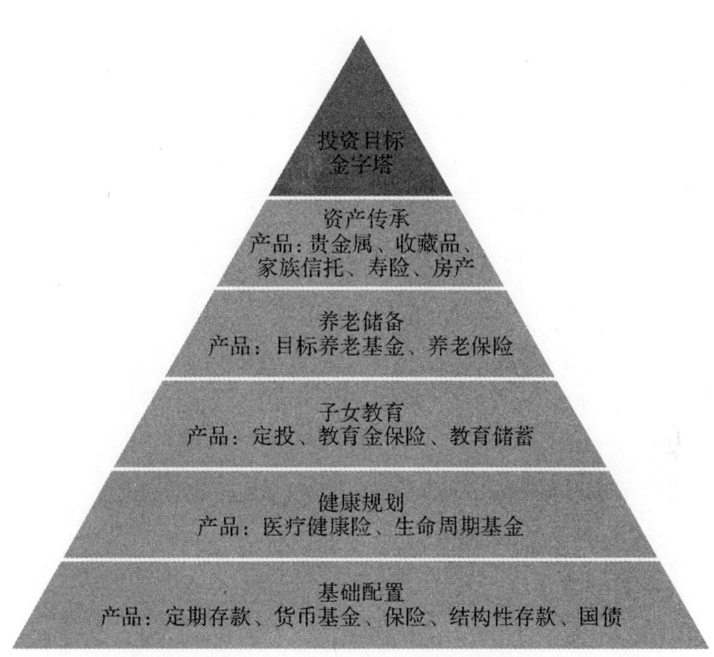

图 3－1　投资目标金字塔示意图

说，投资的目标大多是为了开始自己财富累积的第一步，大家辛苦赚点不容易，要尽量匹配相对稳妥、长期且收益还不错的产品。

投资风险金字塔

第二座金字塔是投资风险的金字塔（见图 3－2）。

金融市场的根本逻辑，就是在经营风险的基础上产生收益，而个人和机构一样，都需要在预期的收益和合适的风险之间进行权衡。

保守型的投资者，关心得更多的是本金的安全；稳健型的投资者，本

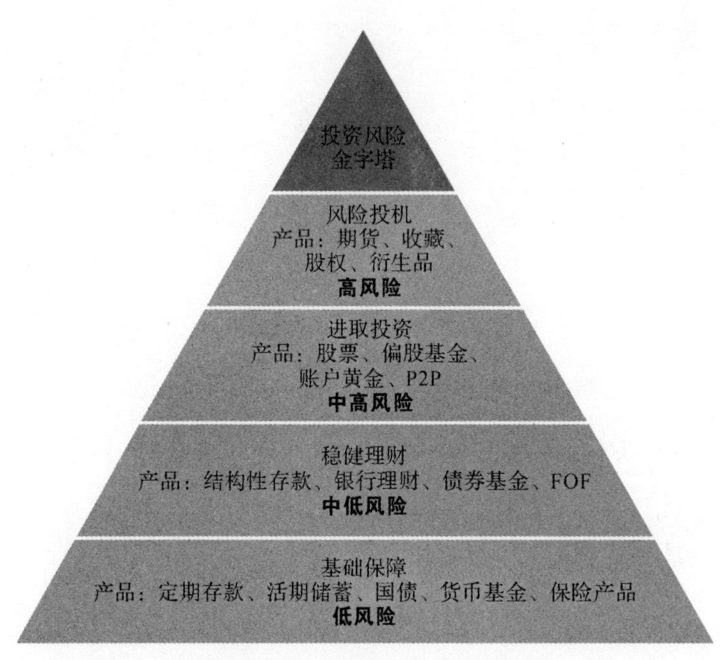

图 3-2　投资风险金字塔示意图

金和收益都想要，而且收益最好别太低；激进型的投资者，一开始就做好了损失部分本金的心理准备，因为他们明白，只有这样才能有一定概率博取更高的收益。

只不过，把时间放宽到 10 年左右的周期来看的话，你会发现投资理财是一场马拉松，一次或几次的冲刺并不能真正解决问题。同一资产类别阶段性的超额高回报，意味着后一段时间的低回报。因为任何一类资产的回报率长期而言就是一个均值。如果过于迷恋高风险高收益的危险游戏，前期或许能赚得开开心心，但保不准后期就得背负债务。

资产配置金字塔

第三座金字塔是资产配置金字塔(见图3－3)。

无论你是保守型的投资者、稳健型的投资者还是进取型投资者，在菜导看来，都应当遵照这个配置的逻辑来分配自己的资产。当然，根据个人偏好的不同，各自的配置比例可以进行调整。

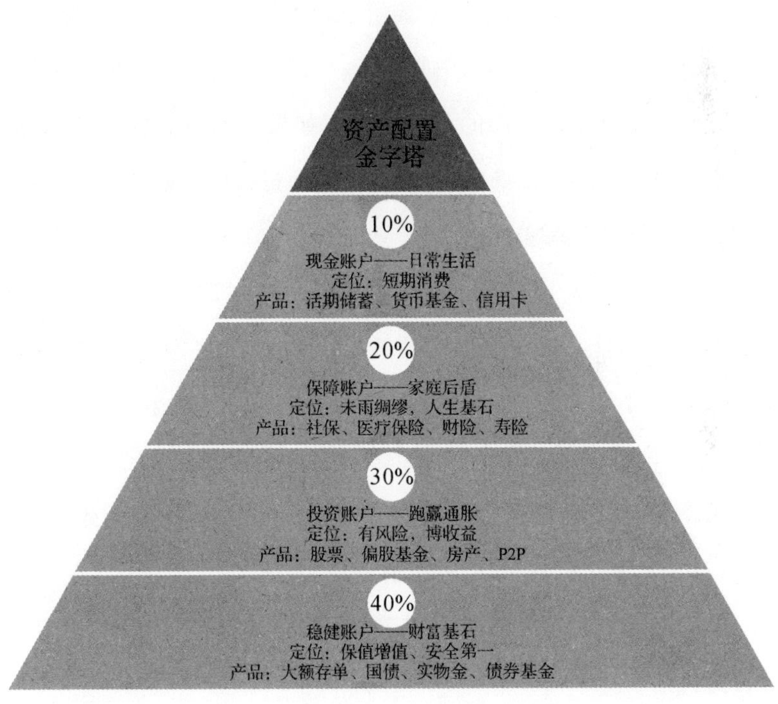

图3－3　资产配置金字塔示意图

比如对于激进的投资者来说，投资账户和现金账户的占比应当超过6成，才能确保获得自己想要的收益，且能随时保持充足的“子弹”。需要提醒的是，投资理财没有“一招鲜”。不同投资属性的人适合不同的理财产品。

运用这三座金字塔的前提，是在明确自己的投资属性和偏好之后，先确定自己的目标，再适配相应的投资方式和产品，最后完成合理的资产搭配。这个次序，不要轻易打乱。

在这三座金字塔之外，菜导还要给95后的一个建议是：尽量去追求大概率的小成功，而不要想着“毕其功于一役”。对于99%的95后来说，投资理财的首要目标是资产的保值增值。如果你的资产能够跑赢通胀，本身就是一种成功。一夜暴富的梦想，很难通过投资理财来实现，或者说很难通过常规的投资来实现。

对于多数人来说，能踏踏实实做好自己的本职工作，不断突破自己的职场壁垒和能力瓶颈，才是赚钱的关键。而且，对于本来就在理财投资上经验不足的95后来说，在明确自己的目标和规划之外，还应建立起这样的一种心态——“我没本事去战胜市场，我也没有可能去打听确凿消息。在投资理财上，我不可能比专家更有优势，综合来看，我自己的能耐，和其他人并没有什么两样。”请记住，只有怀着这样的心态，才能在投资中克服贪婪和恐惧，最终赢得这场考验定力的理财长跑。

理财的三个重要阶段——成长式的理财机会

既然都说理财是一场贯穿人生的长跑了，那么在这个漫长的旅途过程中，有没有必须把握的阶段?

以菜导的经验来看，还真有！我们可以将人生的理财阶段划分为以下三个：单身阶段，家庭、事业发展阶段，养老阶段。

单身阶段的财富积累期

理财就好比一座金字塔，不是一两年就能建成的，要通过不断地积累。积累财富其实从一出生就开始了，这也就是俗话说的：生在穷人家，你出生就是为减轻家里负担而成长的；生在小康家，你一出生就是为以后生活得更好而积累的。

当你年幼时，父母代你积累财富，帮你积累上学读书所需要的费用。过年叔叔阿姨给红包，父母帮你存起来，读书成绩好有奖学金，父母帮你存起来，等等，当你有了一定的自理能力时，摆在你面前的就是一笔不小的财富。虽然所能积累的财富是有限的，但却是必不可少的。这也就像有人举例的：“如果我有了孩子，从他出生起，我每天存五元钱，到他18岁读大学的时候他就有32850元的大学教育基金。”

大学毕业后，当你找到第一份工作时，财富积累真正开始了。在这一阶段，作为一个应届毕业生，不仅工作年限短，而且经验不足，加之收入较低，开销又比较大。所以大学毕业后，你的主要目标应放在工作上，不断地积累工作经验，减少不必要的开支，广开财源。

当然，不是说你就不需要理财了，而是应该把现在当成理财的起点，把理财方向重点放在稳定型理财产品，如银行储蓄。

家庭、事业发展阶段的资产增值期

大学毕业工作几年后，你积累了一定的工作经验，工资开始增加，并逐步成家立业。这个阶段主要是家庭和事业的成长期，不论是计划结婚，还是已经有了一个稳定的家庭。

一般来说，这一时期都需要风险管理和投资规划并重，子女教育金规划、投资规划、养老规划等都列入规划目标。这个时候就到了你的第二个阶段：家庭、事业发展阶段。在这个阶段，你除了要让家庭财富增值，还要进入你孩子的第一个积累阶段。

对于这一阶段，主要分为四个部分来规划：

第一部分是家庭备用金，一般为3～6个月的家庭生活开支，这部分资金要稳当处理，可以以货币基金或互联网理财产品方式存放。这样既能储存有收益，又可以灵活地随时支取。

第二部分为子女教育金规划，就像你出生时父母帮你储备的一样，这部分钱不急用，但可以做长期打算，用基金定投等方式储备，这样既安全又能保证长期受益。

第三部分就是投资规划，去除每月必要的开支，闲钱可以拿一些来做投资，最好采取多元化分散投资策略，以分散风险。安全性投资如定期存款、国债、结构性存款等。风险类投资以杠杆式投资品种为主。

第四部分就是为养老提前做准备，这一部分不急用也不用在乎收益，主要看重安全保本，能有少许收益就好。当然了，准备的时间越长，保障也会越高！

养老阶段的保障期

虽然按照现有的情况看，未来退休政策很可能要延迟到65岁以后，但是进入50岁后，理财应以安度晚年为目标，主要面临的开支就是各种保健、医疗费用。年龄大了，投资重点由偏重风险性投资实现资产增值，转向稳定型理财。以资产保值为主，提高自己的保障，同时配置一些辅助险种。

人生的三个阶段，也相当于这三次理财机会，只要抓好了这三次机会，就等同于一直在理财。换句话说，理财真正成为你的一种生活方式。

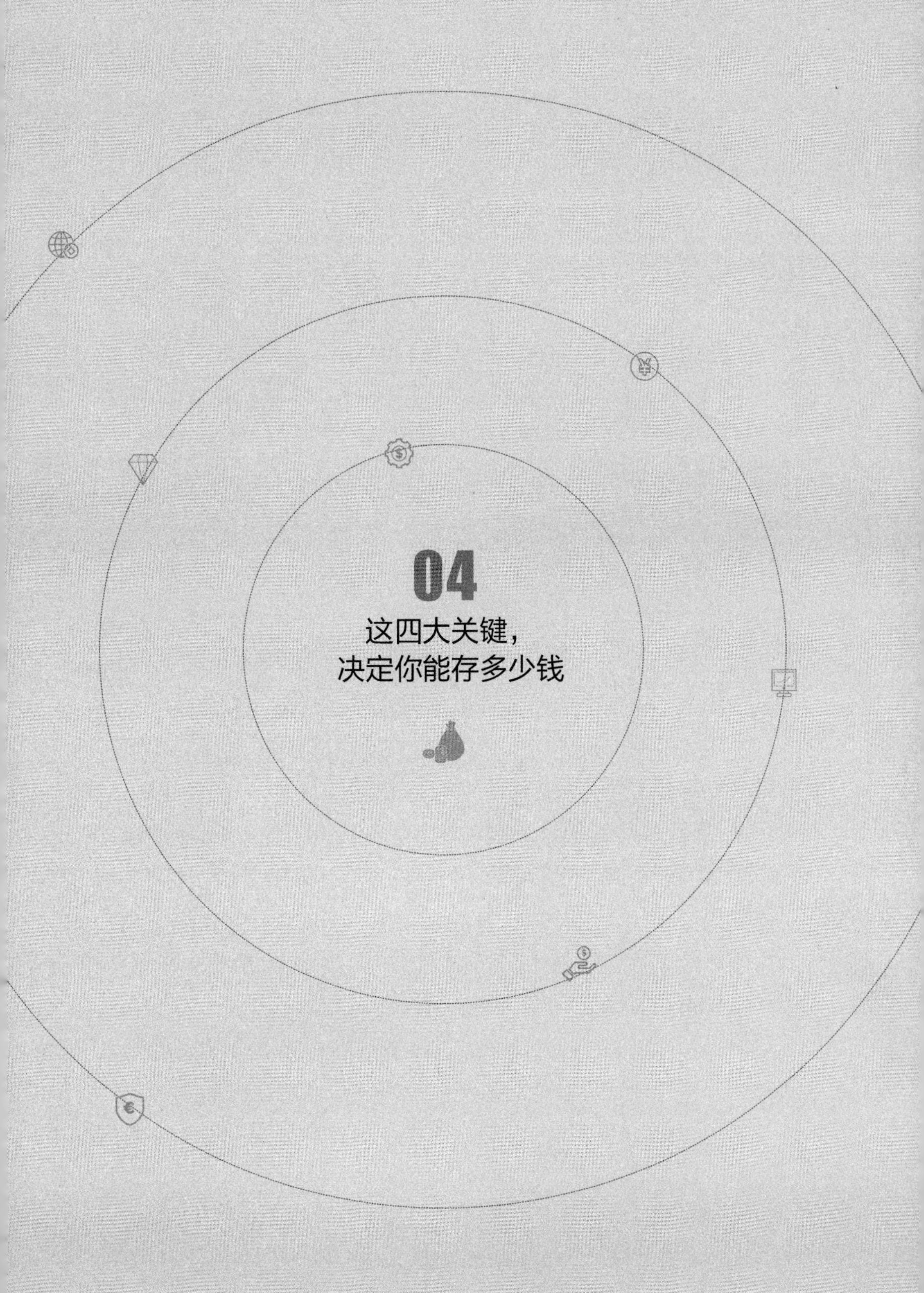

04
这四大关键，决定你能存多少钱

前面聊了这么多关于95后理财的基础话题，从本章开始，我们将逐一盘点95后在日常生活中会接触到的各种有关理财的具体知识和产品，首先从税收、社保、公积金入手。

毕竟这些决定了你每个月实际到手的工资金额，看病养老能从政府领取的补贴，以及买房、建房可以贷款的限额……

千万可别小看这些在你生活中的作用。合理利用国家制度，所能给个人带来的便利、福利，可比你辛辛苦苦钻研理财要轻松简单得多！

绕不开的那些税

关于税收，美国前总统富兰克林有一句话概括得非常准确：世界上只有两件事不可避免，那就是税收和死亡。

目前，我国的主体税种是流转税和所得税。

流转税就是增值税和消费税。所得税则主要遵循了“量能课税”的原则。以企业所得税为例，按照2018年修订的《中华人民共和国企业所得税法》第四条规定，企业按利润总额的25%交税。假设你开的公司年度销售收入为1000万元，除去成本赚了100万元，那么就要交25万元的税；如果公司年度销售收入仍为1000万元，但除去各种成本亏了100万元，那么理论上你就不用交企业所得税了。

当然，对于95后来说，日常生活中对于流转税几乎是没有感觉的，因为商家已经把税负成本算进终端售价了。至于企业所得税，除非自己创业开公司，基本也碰不到。

所以与95后切身相关的税，就是个人所得税。

什么叫个人所得税？即你在中国境内工作并通过各种方式赚取

收入的个人，都需要定期向国家缴纳一定的税收。如果你有留意过自己的工资条，会发现应扣项除了社保、公积金等支出之外，还有一项就是税费扣除。当然也有一部分95后可能会问：那为啥我到现在还从没交过个人所得税呢？原因很简单：你现在的月薪扣完社保和公积金后，还没达到调整后的个税起征点。

2018年底，为了减轻工薪族的税负，国家对个税进行了调整，免征额从3500元提升到5000元，应纳税所得额各个分级的上下限有所改变，速算扣除数也对应地变化，调整后的个税税率表如下：

表4-1　现行个税税率表

级数	应纳税所得额	税率	速算扣除数(元)
1	不超过3000元的部分	3%	0
2	超过3000元至12000元的部分	10%	210
3	超过12000元至25000元的部分	20%	1410
4	超过25000元至35000元的部分	25%	2660
5	超过35000元至55000元的部分	30%	4410
6	超过55000元至80000元的部分	35%	7160
7	超过80000元的部分	45%	15160

另外，自2019年1月1日始，个人所得可以扣除子女教育支出、继续教育支出、大病医疗支出、住房贷款利息支出、住房租金支出、赡养老人支出这6个专项后再计算应纳税额。

再者，2018年12月27日，财政部发布了《关于个人所得税法修改后有关优惠政策衔接问题的通知》，年终奖个税优惠延期至2021年12

月 31 日。

居民个人取得全年一次性奖金，可以选择并入全年综合所得进行计税；也可以选择不并入，而是用该奖金金额除以 12 个月得到的数额，按照税率表确定税率和速算扣除数进行计税。

两种不同的计税方式，所带来的结果也截然不同。

月薪、双薪、年终奖：你的收入如何缴税

接下来，菜导来帮你算算月薪、双薪、年终奖到底该如何缴税、缴多少税。

自 2019 年 1 月 1 日起，新税法开始实行，个人工资、薪金所得按年计税，适用年度税率表，每月按累计预扣法计算预扣税款。

计算公式为：本期应预扣预缴税额＝（累计预扣预缴应纳税所得额×预扣率－速算扣除数）－累计减免税额－累计已预扣预缴税额。

累计预扣预缴应纳税所得额＝累计收入－累计免税收入－累计减除费用－累计专项扣除－累计专项附加扣除—累计依法确定的其他扣除（劳务报酬所得、稿酬所得、特许权使用费所得另有算法）。

举个例子，2019 年 1 月份小 A 应发工资 12000 元，如果没有任何专项扣除或专项附加扣除项目的话，那她的应纳税所得额为 12000－5000＝7000（元），对应的税率为 10％，应缴纳的个人所得税为 7000×10％＝700（元）。

但因为小 A 当月专项扣除为 2000 元，专项附加扣除合计为 3000 元。那么，小 A 在 1 月份应纳税所得额为 12000－5000－2000－3000＝2000

（元），对应税率为3%，应缴纳的个人所得税为2000×3%=60（元）。

通过上面的对比，我们可以发现，有没有主动申报各种专项扣除项和专项附加扣除项，会直接决定你每个月要缴纳多少个人所得税，也会直接影响你每个月实际到手收入的高低。所以，建议大家都把“个人所得税”APP下载到自己的手机里，按照里面的指引主动申报各种专项扣除信息。

通过“个人所得税”APP，我们还可以自主完成退税。前面预扣的如果扣多了，可以在次年3～6月的汇算清缴期办理退税。接着说下年终奖使用个税优惠政策进行扣税的情况。用年终奖除以12个月后得到的数额，去找对应的税率。年终奖应纳个税=年终奖数额×对应税率－速算扣除数。

举个例子，小A月薪10000元，年终奖5万元。首先算得50000÷12=4166.67元，对应的税率是10%，速算扣除数是210元。正好对应了上文的表4-1中的第二级数：超过3000元至12000元的部分，而这一部分应缴税的税率是10%。所以小A的5万元年终奖应纳个税=50000×10%－210=4790（元）。

值得一提的是，因为目前年终奖个税优惠政策仍然有效，但税率变了，所以会存在相同金额所需缴纳的税大大减少的情况。

比如年终奖3万元，30000÷12=2500（元），去年应纳税30000×10%－105=2895（元），今年应纳税30000×3%=900（元），减少了近70%。

另外，现在很多企业会用年底双薪的形式来激励员工。按照现行的税法，如果全年除了双薪以外没有其他的年终奖，或者双薪和年终奖在同一个月发放，那么双薪可以计入全年一次性奖金进行计税。如果双薪和年终奖在不同的月份发放，那么双薪则和当月工资所得一并计算个税。

年终奖：避开个税的“坑”

话说回来，虽然年终奖缴税优惠了不少，但也埋着不少坑。

举例来说，如果小A的年终奖是3.6万元，36000÷12＝3000元，应纳税36000×3％－0＝1080元。但如果年终奖是36001元，36001÷12＝3000.08元，应纳税36001×10％－210＝3390.1元，足足是前者的3倍多！

大家发现了吗？首先，差了1元其实是跨越了一个计税区间。前者对应的税率是3％，后者对应的税率是10％。

月薪也会有这个问题，那为啥月薪个税不会这样跳跃呢？因为月薪计税本身就是用应纳税所得额去找对应的税率和速算扣除数。而年终奖是用应纳税所得额的1/12去找对应的税率，然后用全部应纳税所得额去乘以税率，但是速算扣除数却只扣了一倍，而没有扣除12倍。

这样的“坑点”发生在每个计税区间临界点，也就是3000元、1.2万元、2.5万元、3.5万元、5.5万元、8万元，乘以12个月对应的年终奖金额就是3.6万元、14.4万元、30万元、42万元、66万元、96万元。那么，如果跨越了这些临界点，年终奖至少应该是多少，到手金额才会比这些临界点多呢？

答案很简单：在任何两个相邻的临界点之间，年终奖越高，到手金额越高。

所以在上述相邻的两个临界点之间，我们要找到一个均衡点，使得这个点的到手金额和前面的临界点一样多，超过这个点之后，到手金额就比它多了。

假设年终奖金额是 X，以 3.6 万＜X≤14.4 万这个区间为例，假设这个点的年终奖金额是 X。那么 36000－(36000×3%－0)＝X－(X×10%－210)，可以得到 X 约为 3.857 万元。

同样的道理，可以得到其他的均衡点分别为 16.05 万元、31.83 万元、44.75 万元、70.65 万元、112 万元。对应的踩坑区间就是 3.6 万＜X≤3.857 万、14.4 万＜X≤16.05 万、30 万＜X≤31.83 万、42 万＜X≤44.75 万、66 万＜X≤70.65 万、96 万＜X≤112 万。发年终奖的时候，金额最好避开这些区间，要不就会发生“明明应发金额比较多，但到手金额却比较少”的情况。

如果我们使用年终奖个税优惠，真的会比较优惠吗？通过下文的例子就可以看出：

假设小 A 月薪 5000 元，每月五险一金 1000 元，年终奖 1.1 万元。如果使用年终奖个税优惠的话，他的月薪不用缴税，年终奖则缴税 11000×3%－0＝330 元。

如果不使用这种算法呢？这笔年终奖可以并入他全年的个人综合所得进行计税。那么他全年的应纳税所得额＝(5000－5000－1000)×12＋11000＝－1000 元，无须缴税。

所以，如果你全年收入(包括年终奖)比 12 个月的免征额和扣除项之和来得少的话，不使用年终奖个税优惠为好。

年薪固定：合理分配及扣税

在这一部分，为了方便计算，我们忽略各种扣除项。假设小A年薪为12万元，分三种情况看：

(1)如果这12万元都按月薪发放，每月发1万元，全年缴税[(10000－5000)×10%－210]×12＝3480元。

(2)如果这12万元全部当成年终奖发放，全年缴税120000×10%－210＝11790元。

(3)如果月均发放8000元，年终奖2.4万元，全年缴税(8000－5000)×3%×12＋24000×3%＝1800元。

就这个例子来讲，最后一种方案对于小A来说是最划算的。

那有没有办法可以知道，任何数值的年薪该怎样来分配月薪和年终奖呢?

首先月薪每个月有5000元的免征额，所以全年有6万元免征额，如果年薪不超过6万元，放在月薪里就好。年薪超过6万元的部分(设为X)，放在月薪里和放在年终奖里纳税情况有所不同，如表4－2与表4－3中所示：

表4－2　年薪分配在月薪中的纳税计算

年薪(万元)	税率	速算扣除数	全年应纳税额
不超过3.6万元	3%	0	(3%X÷12)×12＝3%X

续表

年薪(万元)	税率	速算扣除数	全年应纳税额
3.6万元～14.4万元	10%	210	(10%X÷12－210)×12＝10%X－210×12
14.4万元～30万元	20%	1410	(20%X÷12－1410)×12＝20%X－1410×12
30万元～42万元	25%	2660	(25%X÷12－2660)×12＝25%X－2660×12
42万元～66万元	30%	4410	(30%X÷12－4410)×12＝30%X－4410×12
66万元～96万元	35%	7160	(35%X÷12－7160)×12＝35%X－7160×12
96万元以上	45%	15160	(45%X÷12－15160)×12＝45%X－15160×12

表4-3　年薪分配在年终奖中的纳税计算

年终奖(万元)	税率	速算扣除数	应纳税额
不超过3.6万元	3%	0	3%X
3.6万元～14.4万元	10%	210	10%X－210
14.4万元～30万元	20%	1410	20%X－1410
30万元～42万元	25%	2660	25%X－2660
42万元～66万元	30%	4410	30%X－4410
66万元～96万元	35%	7160	35%X－7160
96万元以上	45%	15160	45%X－15160

在“不超过 3.6 万元”这个档位，归入月薪和年终奖应纳个税的数值是相同的，所以放在哪边都一样。而且因为这个档位是所有档位里纳税最少的，所以接下来应该先把月薪里和年终奖里的这个档位分别填充满。

所以月薪和年终奖的这个档位一共可以放下 3.6 万＋3.6 万＝7.2（万元）。

接着来看 3.6 万～14.4 万元这个档位，在这个档位里，月薪应纳个税明显小于年终奖应纳个税，所以接下来的 14.4 万－3.6 万＝10.8 万元先放在月薪里。

到这里，接下来增加的金额如果放在月薪里，则对应 14.4 万～30 万元的档位；年终奖那里已经放了 3.6 万元，接下来增加的金额如果要放在年终奖里，则对应 3.6 万～14.4 万元的档位。

前面的应纳个税已经确定，接下来假定当年薪增加金额为 Y，这部分 Y 是要放在月薪里还是年终奖里，就要看哪种情况 Y 被扣税更少。

Y 如果放在月薪里，扣的税等于月薪里所纳个税总和减去前面 14.4 万元所纳个税，也就是：

20％(Y＋144000)－1410×12－(10％×144000－210×12)＝20％Y

Y 如果放在年终奖里，扣的税等于年终奖里所纳个税总和减去前面 3.6 万元所纳个税，也就是：

10％(Y＋36000)－210－3％×36000＝10％Y＋2310

当 20％Y≤10％Y＋2310 时，Y≤23100。

也就是说如果 Y 的金额不超过 2.31 万元，就放在月薪的 14.4 万～30 万元的档位里；如果 Y 超过 2.31 万元，就放在年终奖 3.6 万～14.4 万元的档位里。

不过，如果没有事先将薪酬支付方式进行合同约定的话，年终奖发不发、怎么发，都由老板说了算。所以，一方面你需要在入职前了解清楚公司薪资的构成和发放形式，一方面也需要在合理范围内对自己的薪资和税收进行相应的筹划，毕竟省出来的钱，都是你自己的！

生活中的其他税

在个人所得税之外，跟大家的日常生活有直接关系的还有消费税、契税和增值税。这些税种在中国一般是由企业缴纳。但企业缴纳的税收最终往往都体现在商品的定价里面，并转嫁给了每一个消费者。

举例来说，超市里 1 袋 1 斤装的盐价格为 2 元，其中就包含大约 0.29 元的增值税和大约 0.03 元的城建税。而每瓶 3 元的啤酒中包含大约 0.44 元的增值税、0.12 元的消费税和 0.06 元的城建税。

当你逛街，花了 100 元买了一件衣服，其中包含 14.53 元的增值税和 1.45 元的城建税。如果你花 100 元买了一瓶化妆品，那么其中的税款除 14.53 元的增值税外，还包含 25.64 元的消费税和 4.02 元的城建税。如果你的化妆品是进口的，那还得加上关税。因此，你花大价钱买的进口香水，里面一半多的费用都用于缴税。如果你吸烟，那么你对国家的贡献就更大了：假如你吸的烟每包 8 元，那么其中大约 4.70 元是向国家缴的消费税、增值税和城建税。

在大件消费品上，如果你花 10 万元买了一辆小汽车，那么在买车的同时，你已经承担了 14530 元的增值税、2500 元～4300 元不等的消费税（汽车的排量不同，适用的消费税税率也不同），以及 1700 元～1800 元的城建税。也就是说，车价的18.73%～20.63%是国家收取的税款。

当你决定要买房了，新盘的位置不太好，于是看中了一套120万的二手房，你会发现在买卖二手房的过程中，买家一般需要缴纳1%的契税、5‰的印花税、1%的个人所得税。如果距这套房上一次交易没过两年，还要帮卖家承担5.6%的营业税及附加税。

因此，若以120万元的计税金额来算，购买这套住房你最多需要纳税1.2万元+印花税0.06万元+个税1.2万元+营业税6.72万元=9.18万元。

不可缺少的社保

聊完税收之后，接下来聊一个更关键的问题——社保。从一开始工作，你的工资就要被扣除一部分缴社保。有多少人知道交了一辈子的社保，它到底是什么？

最全面的基本保障

社保即我们常说的“五险”，包含养老保险、医疗保险、失业保险、生育保险和工伤保险。下面，菜导先用一张图告诉你社保缴费到底都缴了哪些钱，缴费的比例是多少（各地根据政策不同，缴纳比例会略有不同，但是总体差异不大），见表 4－4：

表 4－4　社保与公积金缴纳比例

类目	缴纳比例	
	个人缴纳	公司缴纳
养老保险	8%	16%
医疗保险	2%	9.5%
失业保险	0.5%	0.5%
生育保险	无	1%
工伤保险	无	0.16%～1.52%

那么，交了这些钱到底都有哪些用处呢？菜导总结如下：

- 养老保险：退休后可以按月领取养老金，交得越多，领得越多；
- 医疗保险：生病就诊产生医疗费用后，医疗保险机构会提供一定经济补偿；
- 生育保险：怀孕生小孩期间的各项费用补偿，例如产检和分娩费用、生育津贴等；
- 失业保险：如果因为公司破产或者被辞退等原因导致失业，每月可以领一笔补偿金；
- 工伤保险：因工作受伤或者患上职业病，工伤鉴定后，可获得相应补偿；

对每个已经步入社会的成年人来说，**社保都是国家给你提供的最核心、最基础的保障措施。这些费用和保障，将直接决定你现在的保障程度和资产规划，以及最重要的退休以后的财务状态**。所以关于社保的知识，菜导强烈建议每个 95 后都应该尽量熟练掌握。

社保是怎么运作的?

社保是强制保险,根据《社会保险费申报缴纳管理规定》的规定,用人单位应当自用工之日起的 30 日内为其职工申请办理社会保险登记并申报缴纳社会保险费。所以只要你工作了,你就有权利要求用人单位为你缴纳社保,并按照规范的金额和基数缴纳。

现在的社保系统采取现支现付的模式,就是说收上来的钱立马就花出去了,用现在缴纳的社保金发放给了现在领取养老金的。社保基金就像是一家"银行",缴纳的人向银行里存钱,退休的人从"银行"里取钱。

除了社保之外,国家也在鼓励建立多层次的养老保险制度。2017 年,国务院办公厅发布了《关于加快发展商业养老保险的若干意见》,其中就提到,要大力推广养老"三支柱"的理念。这里的"三支柱"指社保养老保险,企业年金、职业年金,商业养老保险。而绝大多数 95 后,在这三根支柱里可能只拥有第一根,后面的两根,还不知从何说起。

另外,很多公司在实际缴纳员工社保的操作过程中,并不会按你的实际工资总额来交,而是会按一个固定的基数来交。在我国,每个省市每年都会发布一个"社会保险最低缴纳基数",这个基数是根据上一年度职工的平均工资+福利+各种补贴等费用经过统计和计算以后确定的。

比如,2018 年,上海公布的最低基数是 4279 元,也就是说,只要是在上海正规经营开业的公司,每个月为员工交的钱,最少应为 4279×39.5%=1690(元),而员工自己也最少要交 4275×18.5%=790(元),这样就知道你和单位每个月要交的最低社保费。

最低社保缴费基数的意思是，哪怕你在上海每个月都还没挣到 4000 块钱，公司也必须按照 4279 元的最低标准给你缴社保。当然，政府为了降低公司的社保压力，也设置了一个最高缴费基数。

2018 年，上海社保的最高缴费基数是 21396 元。也就是说，即便你一毕业就去了陆家嘴，成为月收入 5 万元的金融精英，公司最多也只能每月为你缴纳 8451 元社保（21396 元×39.5%），你自己也最多缴 3958 元社保（21396 元×18.5%）。

如果你的工资不高不低，正好在最低和最高缴费基数中间，那你的社保缴费基数就是你的实际工资。但是，很多公司并不会按照你的实际工资来缴纳社保，要么按当地的最低基数来交，要么按公司内部约定的一个基数来交。

从员工的角度来看，百分百按实际工资缴费，虽然员工也要承担更高的金额，可企业出大部分，员工得到的是更多的实惠。但从公司的角度来看，足额工资缴纳所带来的成本确实过于高昂，所以有时候以约定基数缴费也算是种无奈之举。

菜导觉得，如果你能加入一家能足额为你缴纳社保的公司，那必然是个不错的选择，但如果你的公司是按最低基数来给你缴纳的，除了与公司做必要的沟通和协调之外，也没有必要太难过。

当然，无论你的公司有没有足额为你缴纳社保，从长远来看，要想实现有尊严的老年生活，你都应该尽早在商业保险上做点功课。

年年交社保，退休后到底能领多少钱?

那么你可能要问了，既然我交了社保，为啥就不能只靠社保养老呢?要想回答这个问题，菜导必须帮你算一下，假设你年年交社保，退休以后每个月到底能领多少钱?

养老金＝基本养老金＋个人账户养老金

个人账户养老金＝个人账户储存额÷计发月数

按照目前50岁对应的计发月数为195个月，55岁为170个月，60岁为139个月。

基础养老金＝(全省上年度在岗职工月平均工资＋本人指数化月平均缴费工资)÷2×缴费年限×1%＝[全省上年度在岗职工月平均工资＋(1×本人平均缴费指数)]÷2×缴费年限×1%

假如你60岁在广州退休，退休时你个人账户里有10万元，广州月平均工资为5694元，你的月平均缴费工资指数为1，截止到退休你的缴费年限为30年，那么问题来了，你退休后第一个月领到的养老金为多少?

答案是:第一个月养老金＝(5694＋5694×1)÷2×30×1%＋100000÷139＝2427.62元

缴费基数不同，领取的养老金也有变化，具体如表4-5所示。

表 4-5　养老金的计算

缴费年限	个人平均缴费基数	基础养老金（元）
15 年	0.6	683.27
	1	854.09
	3.0	1708.19
30 年	0.6	1366.55
	1	1708.19
	3.0	3416.4

说白了就是你每年的缴费基数越大，以后领取的养老金也就越多。平均缴费指数最低下限为 0.6，最高上限为 3。

如果缴费当事人未到退休年龄就已去世，那钱也没有白交，个人账户部分可以由继承人继承。

需要提醒的是，按照规定，养老保险一定要交满 15 年，还要到退休之后才能终生享用，按月发放。如果在退休前没有交满 15 年，等你退休了之后，国家会把你每月交的 8%个人账户上的养老金退还给你，而公司给你交的 20%就不在其中了，国家会把它全部划到养老统筹基金的大资金池子里去。

那是不是我交满 15 年就可以停掉了呢？理论上是可以的，但在实际操作中，菜导不建议你这么做。最核心的原因就是如果社保停交，医保也就断了，未来就会面临非常大的医疗风险敞口。要知道，医保能在我们的生活中发挥着根本性的底层保障作用。而且在全球范围来看，我们国家的医保，性价比是极高的！

怎样用好医保

那么，我们到底怎样才能用好医保呢？

还是以上海市的制度为例，假设小 A 的单位每月医疗保险缴费率为 9.5%，小 A 自己每个月缴费率为 2%。除此之外，还有一笔大病统筹的钱。

大病统筹，顾名思义就是只管小 A 未来可能发生的金额较大的重大疾病开销。而小 A 自己每个月交的 2%，会被直接划入小 A 的医保卡。这样，小 A 如需要去医院看门诊，或者去药房拿药，都可以直接刷卡消费。而小 A 公司交的 9.5%，就被国家拿走统一划入医疗统筹基金里。如果小 A 以后因病住院，这笔钱可以用来报销。

社保目录内外有区别

但是，小 A 就医产生的费用也不是所有都会计入医保的报销范围的。要想用好医保，需要先弄清楚几个概念：

第一，是否进入医保目录；第二，医保目录内可部分或者全部报销；第三，目录内可分为药品、诊疗项目和服务设施三类。

目录内药品分为甲类药品和乙类药品。

甲类药品是性价比最高，价格低廉的药品，由社保 100% 报销；乙类药品疗效好，价格高，需要个人和医保共同承担。乙类药品中，个人自负比例为10%～20%，或者定额自负，剩余部分纳入医保报销范围后，再进行一定比例的报销。

目录内诊疗项目：是一些基础且必需的项目，如B超、心电图、X线、化验等。

目录内服务设施：住院床位费（不含特需病房床位）、门急诊留观床位费。

医保目录外的就医费用也来自药品、诊疗项目和服务设施三类，需要个人100%自费，不计入社保报销范围。

目录外药品：丙类药品，除了甲类药品、乙类药品外的药物属于丙类药物，多为保健品、新药、进口药等。

目录外诊疗项目：如条件好的特需病房、特需医疗、美容整形、牙齿矫正。

目录外医疗设施：如PET检查、CT检查、质子重离子治疗等。

目录外的开销由于不计入医保范围内，而且价格往往比较昂贵。所以菜导推荐在医保之外，还应补充对应的商业保险，这样的话，即便产生目录外的费用，也可以获得商业保险公司的赔付，不至于让你一夜返贫。

诊疗住院分层级

门诊费用，只要是医保范围内的，由个人先自行承担300～500元不等的费用（起付线），超出部分才由医保按比例进行报销，报销比例与就诊医院级别相关。医院级别越高，报销比例越低。

以上海为例，婴幼儿、中小学生和60岁以上的老人，门诊自负部分都为300元，19～59岁的门诊自负部分为500元。如果你是去一级医院门诊，可以报销70%，二级医院报销60%，三级医院50%。

所以，假设小A在上海的一家三级医院就医，产生了4500元的门诊费用，全为医保目录内费用，那么A能得到的医保报销是(4500－500)×50%＝2000(元)。

在住院的部分，报销计算过程就会相对复杂一些。因为如果用到一些疗效好的药品或者治疗方式，往往是医保目录外，或者是医保目录内的乙类药，需要个人自负一部分，剩余部分才计入社保的报销范围。

继续以上海为例，无论年龄大小，住院的起付线为一级医院50元、二级医院100元、三级医院300元。但在报销的部分，60岁以下的话，一级医院是80%、二级医院75%、三级医院60%；60岁以上的，一级医院是90%、二级医院80%、三级医院70%。

假设小A因为患了恶性肿瘤去一家三甲医院住院治疗，花费15万元，其中自费部分5万元，乙类药4万元(自负比例20%)，其他费用均为可全部纳入社保报销范围的费用。那么小A的医保报销费为：(150000－50000－40000×20%－300)×60%＝55020(元)。

不可不知的大病统筹

大病统筹是政府为了减轻居民患大病后的巨大医疗支出，防止居民因病返贫而制定的政策，在居民医保报销后，还可以进行二次报销。全国各地可报销的病种范围不同，具体可自行上当地社保系统的官网查询。

目前，小 A 所在的上海提供的大病统筹包括重症尿毒症透析治疗、肾移植抗排异治疗、恶性肿瘤治疗（治疗包括化学治疗、内分泌特异治疗、放射治疗、同位素治疗、介入治疗、中医药治疗）、部分精神病病种治疗（病种包括精神分裂症、中重度抑郁症、狂躁症、强迫症、精神发育迟缓伴发精神障碍、癫痫伴发精神障碍、偏执性精神病）。如果你是上海读书的大学生，血友病和再生障碍性贫血也在覆盖范围内。

还是拿上文小 A 花费治疗费 15 万元这个案例来说。那么小 A 可以先在居民医保获得了 55020 元的报销后，除个人自费 5 万元不纳入社保报销范围，剩余部分还可以找大病医保基金报销：(150000－50000－55020)×55％＝24739 元。所以两轮算下来，小 A 一共能报销 79579 元，自己承担 70241 元。

总体来说，我们国家的医保虽然性价比高，但也因为不断提高覆盖面，产生了保障程度越来越低的问题。一些疗效好、副作用小的进口药、新药等没有纳入医保目录也是不能报销的。所以，菜导再次建议各位在年轻时尽早配置商业保险。

公积金怎么用最划算？

前面聊完了养老金和医保，接下来说住房公积金。在进行具体的解说之前，菜导也请大家先牢记关于住房公积金的一句结论：公积金是个好东西，一定要会用！

为啥菜导要强调"会用"呢？因为公积金虽然是国家给我们每个人设置的一项顶好的福利，但如果你用不好，公积金对你来说起到的是劫贫济富的效果。只有用得好，公积金对你来说才是真的雪中送炭！

公积金基本常识

那么，住房公积金到底是什么，又能用在哪些地方呢？

住房公积金，是指国家机关、国有企业、城镇集体企业、外商投资企业、城镇私营企业及其他城镇企业、事业单位、民办非企业单位、社会团体及其在职职工缴存的长期住房储金。

住房公积金由两部分组成，一是职工个人每月缴存部分，这部分属于职工工资；二是单位每月为职工个人缴存部分，这部分实质上是单位以住房公积金的形式给每名职工增加的住房工资，属于职工薪酬的一部分。这两部分都归职工个人所有，主要基于住房公积金的本质属性，即工资性。住房公积金不属于职工福利，这个概念不能模糊。

住房公积金是在职职工的一项法定权利，不是单位可缴可不缴的福利。住房公积金和"五险"一样，都具有强制的法律约束力。为在职职工缴存公积金是单位强制的法定义务，用人单位不得以任何理由拒绝。经营困难、效益不好，不能作为不给职工缴住房公积金的理由。

住房公积金的用途就是贷款买房，除此之外，你也可以主动提取。

先说说比较简单的提取吧。一般来说，依照各地政策不同，提取的理由可以是购房、租房、自建房、翻建房、装修，但这几种都只能采取部分提取的方式。所以，当你需要用钱又短时间不需要贷款买房的时候，可以考虑提取一部分公积金来应急。

要想全部提出来，只能采取销户提取，而销户提取的前提有以下几种：离退休，户口迁移，定居国外，丧失劳动力，在职期间被判处死刑、无期徒刑或有期徒刑刑期期满时达到国家法定退休年龄，死亡或者被宣告死亡。

那么，如果你跳槽了，公积金该怎么办呢？目前来说，要看你的户口情况。如果你是农村户口，那么离职可提取住房公积金进行销户；如果你是城镇户口，单纯因为离职不能提取住房公积金。只能进行转移账户，把前公司的账户和新公司给你交公积金的账户合并。

公积金常见问题

这些关于公积金的知识你也要知道：

(1)买房前提取过公积金，还可以用公积金贷款买房吗？

能否办理公积金贷款与是否提取过公积金没有太大的关联，为什么这么说呢？因为“能否办理公积金贷款”与借款人在当地缴存公积金的期限是否达到贷款标准，是否具备按时足额还款的能力，是否有首付款等因素有关，所以即使你提取过公积金，仍可申请公积金贷款。

需要注意的是，如果你已将公积金账户中的余额提取完了，则无法办理贷款，因为公积金贷款额度的高低与账户中余额的多少有关，如果你公积金账户没有余额了，那么贷款额度也将为零。

(2)买二手房能不能一次性提取公积金做首付?

如果你想用公积金贷款买房的话,那公积金是不可以提取的。只有在公积金贷款成功,并正常还贷一年后才可以去提取公积金余额的钱,而且提取的额度也是有限制的。如果你是准备用商贷买房,并且以后可能都不会再买房了,那么你可以去把公积金余额都提出来用于买房付首付。

(3)父母可以用子女的公积金买房吗?

可以,但是要写上子女的名字。具体流程和子女用父母公积金买房是一样的。

(4)买车位可以按揭吗?可以用公积金贷款吗?

可以按揭,但只能商业贷款,不能公积金贷款,根据相关规定,职工用公积金买房,可以是商品房、经济适用房、私产房等,不包括商铺、车库、办公性质房屋、工业产权房、“小产权”房。

如何用公积金贷款买房

那么,我们在买房的时候,应该怎样操作公积金贷款呢?有没有什么需要知道的诀窍?

首先,需要明确的是贷款额度。都说商业贷款有额度,公积金贷款一样有额度。以2018年北京市公积金贷款新规为例,A级最高能贷80万元,AA级最高能贷92万元,AAA级最高能贷104万元。菜导觉得夫妻双方加起来能贷到80万元就不错了。所以就奔着这80万元努力好了。

其次,要弄清楚公积金贷款的贷款年限。公积金贷款年限最高为30年,借款人的年龄与申请贷款期限之和原则上不得超过其法定退休年龄后5年，即男职工可贷到65岁，女职工可以贷到60岁。

如果是夫妻，按照双方年龄大的为准，年龄加上贷款年限不能超过70年。除开年龄还与楼龄也有关系，砖混结构的楼龄加上贷款年限不能超过47年，钢混结构的楼龄加上贷款年限不能超过57年。所以说如果买的是二手房，就要算清楚了。（具体的年限，每个城市不一样，以当地城市规定为准。）

再者，要学会计算你的公积金贷款比例。以杭州市为例，如果你购买的是第一套普通自住房，贷款额度不得超过所购住房价款的70%。如果套型建筑面积在90平方米（含）以下的，不得超过所购住房价款的80%。（具体情况见各城市住房公积金官网。）

最后，确认并清楚你自身的还款能力。公积金的贷款额度不得超出个人还款能力，即：

还款能力＝（借款人月缴存额÷借款人公积缴存比例＋借款人配偶公积金月缴存额÷借款人配偶公积金缴存比例之和×50%×12（月）×借款期限

值得注意的是，借款人（含配偶）要具备偿还贷款本息后月均收入不低于本市城乡居民最低生活保障的能力。

公积金的隐藏技能

目前，住房公积金不仅仅可以买房，还有很多别的用途。菜导了解到住房公积金有5种用途。

第一种：建造、翻建、大修住房

在农村集体土地上建造、翻建、大修自有住房且使用住房贷款的，职工及配偶可申请提取修建房被批准当月之前(含当月)的公积金金额，提取金额合计不超过修建房费用。城市中只有大修住房才可以提取公积金，而且还需提供相关材料证明(详见93页使用公积金的几大误区)。

第二种：可以用于租房

2015年，住房城乡建设部、财政部、中国人民银行三部委印发并实施的《关于放宽提取住房公积金支付房租条件的通知》后，很多年轻人看到了希望，因为公积金可以用来租房了。公积金可以支付配租或政府招租补贴的经济租赁房房租；可以支付市场租房房租。以广州为例，申请条件：只要职工在广州市无自有产权住房，就可以提取住房公积金支付房租，提取时金额不超过广州市规定的上限。申请材料：只需要提供无房证明即可，不需要提供租赁合同、租房发票。

第三种：父母可以给儿女购房

面对现在高昂的房价，很多年轻人买不起房，尤其是一毕业就“望楼兴叹”的95后。而中国父母们为了自己的孩子，往往不惜掏空全家的“六个钱包”来买房。只不过很多人都不知道，还有一个公积金的钱包可以掏。

当然，公积金这个钱包也不是可以随便掏的，必须是未使用住房贷款购买自有住房，方可提取父母公积金；使用商业银行个人住房贷款购买自有住房，支付首付款后可提取父母公积金；使用个人住房公积金（组合）贷款购买自有住房，支付首付款后可提取父母公积金进行还贷。

第四种：纳入低保特困可提取

假设某天你被纳入城镇居民最低生活保障或特困救助范围，你本人及配偶可申请提取住房公积金，但是提取金额不得超过被纳入最低生活保障范围或特困救助范围期间以前的住房公积金金额。

第五种：治疗重大疾病可提取

每个家庭都有可能遭遇不测，所以当家庭成员（包括职工本人、配偶及未成年子女）患重大疾病或重大手术住院治疗时，职工本人及配偶可申请提取住房公积金，申请日期应在出院之日起1年内，提取金额合计不超过住院费用个人负担部分。

使用公积金的几大误区

公积金的用途很多，但光是条文大家可能都已经看晕了，而且有可能一不小心就踏进了误区，那么该怎样避免公积金贷款误区？如何正确使用住房公积金？

(1)**误区一：误以为公积金账户余额可直接做购房首付**。首先，发生购房行为是使用住房公积金的先决条件。如果你（借款人）通过住房公积金贷款购房，需要先消费后提取。也就是说，你买房需要先自己垫付首付款，然后再提供购买的证明材料到住房公积金管理处提取其公积金内的存储余额。

因为管理条例有规定，必须要实际购买房屋后，才能提取公积金。既然首付自己出了，其实就是用你公积金中的余额支付房屋尾款。

(2)**误区二：误以为父母的公积金可以无条件给子女使用**。父母的公积金子女是可以使用的，但是先决条件是子女未婚。如果子女已婚，还需要使用父母的公积金，这样，公积金管理中心会怀疑你的偿还能力。反之，如果父母使用子女的公积金来贷款，也是不被允许的。

(3)**误区三：误以为个人不良征信不会影响公积金贷款**。现在很多95后除了花呗，还有各种信用卡的账要还，如果遇到现金流紧张，很容易就会还不上钱，从而在征信报告里面留下"黑历史"。这里菜导要提醒你了，如果借款人个人征信较差，公积金管理中心可能会拒签。因为公积金贷款也要考核借款人个人征信纪录。

(4)**误区四：误以为公积金提取额可以超出租房款或购房款**。打个比方，如果你贷款购买的房屋总价为30万元，而你的公积金存储余额有40万元，你也只能提取用于买房的30万元公积金，剩余的10万元公积金不能提取用作其他用途。因为规定了自取金额不可以超过购房款。

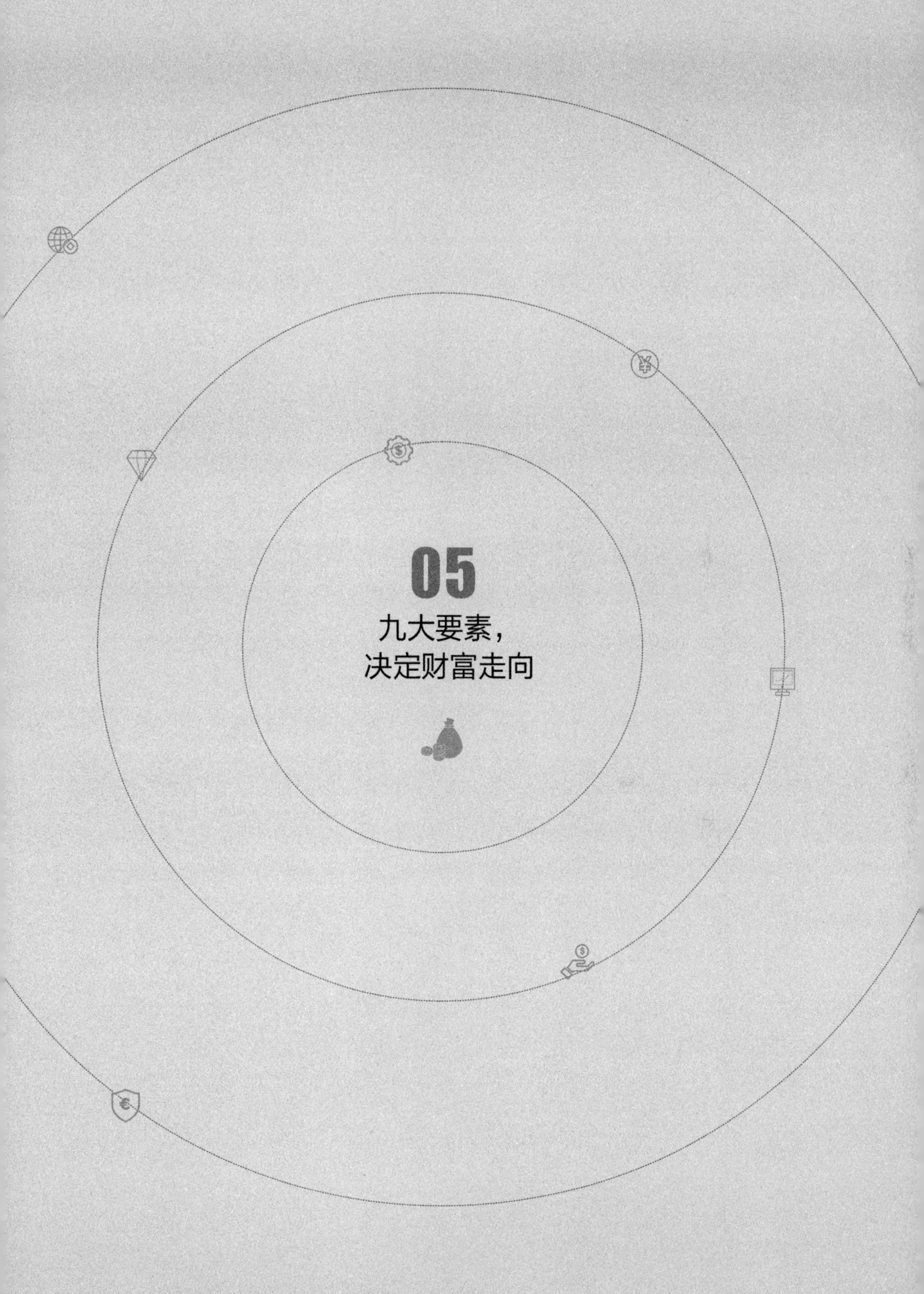

05

九大要素，决定财富走向

一直以来，菜导都坚信这样一个观点：投资理财之所以看上去并不是每个人都能轻易涉足的领域，是因为投资的本质是个人认知能力的变现。

通俗讲，不懂的投资产品不要碰，想碰又怕失败，那就请耐着性子搞清楚背后的逻辑再做决定。

一方面，对于目前多数仍处在努力提升自己工资性收入的95后来说，早晚有一天，都得把自己的收入来源由工资性收入向财产性收入转变。而要想完成这个改变，就得从日积月累的认知能力提升开始。另一方面，社会经济和金融市场的各种瞬息万变，也将会给你的生活和财富带来极大的改变。

有人经常说，工作5年后，职场“萌新”们的差距就已明显可见。这种差距可以是关于职场前景、人生轨迹的，更重要的是关于财富积累的。

为了帮助大家更好地理解这些与你的“钱袋子”密切相关的事件，菜导讲一个故事。小B和小C从2014年至今的买房的故事。

小B在2009年大学毕业，并考上了研究生，来到深圳开始又一个三年的深造。

2008年，深圳市一手住宅成交均价每平方米1.28万元，同比下跌4.4%，不少楼盘甚至跌了50%。但到了2009年，深圳楼市几乎一天一个价，新房均价也很快涨到每平方米2万元，还总是供不应求。

由于小B当时还只是学生，所以看到楼市的疯狂状态，也没有多想。等到2012年小B研究生毕业的时候，他也没有想过要买房的问题。第一，当时深圳关内动辄2～3万元的房价已经不算便宜了；第二，小B刚毕业也不知道自己以后到底能赚多少钱，根本就没想过买房的事。

但在工作之后，房子逐渐成为小B的刚需产品，他开始咨询父母，摸清楚如果真的要在深圳买房，父母能拿出多少钱支援；然后也开始关注房贷的政策、楼盘价格的走向。

时间进入2014年，杭州、常州等地楼市滞销打折、银行收紧开发贷的利空消息传来，楼市有如“山雨欲来风满楼”，“崩盘论”再一次甚嚣尘上。深圳的楼市这时候也开始有点横盘的意思，挂盘的房子越来越多，观望的情绪越来越重。但情况在2014年9月30日，有了根本性的转变。这一天，中国人民银行（央行）和中国银行业监督管理委员会联合下发《关于进一步做好住房金融服务工作的通知》，其中最为关键的两点变化是："贷清不认房"、贷款利率下限为基准利率的0.7倍等措施。

小B知道，是时候出手了。于是，拿着家里资助的50万元，以及自己借来的十几万元，小B很快敲定了同样临近前海区域的一套二手小户型房，总价160万元。小B买房的消息，很快在他的朋友圈中传开，其中有位老同学小C，已经结婚一年了，也在考虑要不要买房。

而就在小B签约的前后，住房和城乡建设部、财政部和央行联合印发《关于发展住房公积金个人住房贷款业务的通知》，要求各地放宽公积金贷款条件，同时还将推进公积金异地使用，实现异地互认、转移接续。

小B跟小C说，抓紧看房吧！听完小B的建议后，小C也开始了漫长的看房道路。他跟小B的预算基本一致，但因为已经结婚有了孩子，所以想买套大点的，就把目标放在了深圳宝安区。

就在小C漫不经心地看房的时候，2014年11月21日，央行宣布降息。小C还不知道这意味着什么，只感觉自己看中的房源卖得越来越快，签约价格越来越高。

时间进入到2015年，小C还是没有选到自己满意的房子。3月底，"3.30新政"推出，将二套房最低首付比例调整为不低于40%。同一天，财政部和国家税务总局又宣布，个人住房转让免征营业税的期限由购房超过5年（含5年）下调为超过2年（含2年）。

如果说2014年的"9.30政策"还只是楼市的热身，那么2015年的"3.30新政"，再配合2015年全年的5次降息，楼市起跑的发令枪，正式打响。

最终，小 C 在 6 月份敲定了一套在南山区的房子。2014 年 10 月，同户型房子的成交价为 90 万元，2015 年初为 120 万元，而小 C 的成交价到了 145 万元。好了，小 B 和小 C 的故事讲完了。在这个故事里面，涉及两个很关键的概念，一个就是信贷杠杆，另一个是降准降息。

信贷：要善用杠杆的力量

对于绝大多数中国人来说，"借钱"一直是个挺难为情的事情。即便是小 B 和小 C 这样受过高等教育的年轻人，第一次向银行贷款就是因为买房，日常生活中信用卡都没办过几张。

至于我们的上一辈们，更是极少借钱，生活中的各种花销，都是靠日复一日的勤勉工作积蓄而来的，真到了手头紧的时候，也是向家人朋友借钱渡过难关，而且一定是有钱就赶紧还上。

在这些勤勉了一辈子的长辈们看来，唯一值得你去背负贷款的事情，或许只有买房了。而且即便是买房这样大额的投资，他们也更愿意接受更短的还款年限——因为总觉得背 30 年房贷心里很慌，以及等额本金的方式——因为还款总额里面利息更少。

但实际上，人们对借钱产生的害怕和恐惧，主要都是因为自己对其背后的逻辑还不够了解。但菜导觉得，学会从各个金融机构借钱是个人理财中的必备知识。尤其是对于 95 后来说，要想在眼下这个时代达成个人的目标，就一定要摒弃“无债一身轻”的错误理念，好好地利用信贷这个工具。

信贷为何如此重要？因为在菜导看来，这是以较小的资金撬动更大的财富的必经之路。放眼改革开放 40 年中成功实现了个人财富积累的中高净值人群，无一不是通过对信贷产品的娴熟运用，通过对自己的财富和人生适度地加上了杠杆，从而实现了自己的财富目标。

那么，为何信贷有所谓“杠杆”的效果呢？

相信很多 95 后都听过阿基米德的这句话：“假如给我一个支点，就能撬起地球。”它讲述的就是杠杆原理。杠杆原理，就是如何通过调整动力、动力臂和阻力、阻力臂的大小，从而达到“省力或者省下施力动作距离”的效果。在经济学中提到的“杠杆”，我们则可以简单地理解为借力思维。

小 B 和小 C 买房的故事，就是典型的利用杠杆的例子。

假设小 B 现在有 30 万元，一般情况下只能买 30 万元的东西。但是在买房子的时候，小 B 可以首付 30 万元，贷款 70 万元，买下 100 万元的房子。这就相当于你用 30 万元买到了 100 万元的东西，这就是杠杆效应，而提供杠杆的是银行。

虽然小 B 从银行借的这 70 万元早晚都要还，但在小 A 买下的时候，就用 30 万元的代价获得了 100 万元的房子。而人们之所以愿意加杠杆，一个是在自己资金实力还不够的时候，提前获取自己想要的东西；另一个是为了获得超额利润和投资机会。

为何说加杠杆可以获得超额利润？菜导假设小 B 的这个房子在两年后上涨了 30%，卖出就是 130 万元。那么小 B 在还掉欠银行的 69 万（房贷前几年还的基本都是利息，偿还本金相对较少）后，还能剩下61万，刨去之前的30万首付和供楼两年花费的约11万现金流，一买一卖，净赚20万，收益率约为67%（20除以30计算）。

而如果小B没有银行提供的这个杠杆机会，第一，就没办法以100万元买这个房子，无从谈及获利。第二，即便小B有足够的资金，当初以100万元全款买入，但在同样以130万元卖出的情况下，收益率为30%（30除以100计算）！

当然，信贷杠杆是一把双刃剑，当个人有足够的还贷能力的时候，适当地加杠杆，能够扩大自己的资产总额和投资收益。但如果杠杆加得太大，不仅投资的收益会被摊薄，风险也会上升。因为加杠杆就是增加负债，而负债是要利息的。

还是拿小B和小C的故事作为例子。

假设小B在第一套房的投资上尝到了甜头后，打算继续投资房产，然后看中了一套外地的价值400万元的房子。但他现在手上只有100万元，且因为有贷款记录，只能按二套房首付作50%的比例。那么小B发现自己手上的钱根本付不了首付，怎么办呢？

这时候，地产中介打来电话，说小B可以办个首付贷[①]，贷款100万元，利率8%。于是小B拿着这贷款来的100万元外加自己手上的100万元，交了这套房的首付，再从银行用5%的利率贷款200万元，买下了这套房。

---

① 首付贷是指在购房人首付资金不足时，地产中介或金融机构能为其提供资金拆借。在我国是不被允许的。

中介的100万元贷款和银行的200万元贷款就是小B在这桩买卖里加的杠杆。同样是买房，加了双重杠杆后的小B，可能遇到怎样的结果？

假如一年后房价上涨20%，房价变为480万元，扣掉总共18万的利息，小A能净赚62万元，对于100万元本金来说，年化收益高达62%！但假如一年后房价横盘呢？那小B这一年要白白损失掉18万元的利息。再假如一年后房价下跌呢？小B的损失就是房价跌去的部分和所要支付的利息的总和了。

所以我们可以看到，加杠杆其实在这里起到了一个乘数的作用。它可以放大投资的结果，不管是赚钱或亏钱都会被放大。如果本身交易行为的结果是赚钱的，加杠杆会赚得更多；如果本身交易行为的结果是亏钱的，加杠杆则会亏得更多。

所以菜导要再次强调，合理地运用信贷杠杆确实是95后实现资产增值的必经之路，但也建议大家不要过度加杠杆。

所以，关于杠杆，请牢记以下这四大要点：

第一，运用杠杆最大的好处是能省下你宝贵的时间；

第二，杠杆不只是借钱而已，重要的是你的现金流要足以支撑；

第三，使用杠杆时要尤其注意防控风险！因为一旦出现问题，你的损失也会被杠杆放大；

第四，若持续成功地运用杠杆，你的财富将有可能呈指数式倍增。

利率:点滴见真章

大家在电商平台分期买各种心仪产品或者借微粒贷的时候,肯定都接触过一个名词,叫"利率"。利率的全称是利息率,指的是单位货币在单位时间内的利息水平。即:

利率(%)=利息÷(本金×借款时间)×100%

按时间单位的不同,利率又分为年利率、月利率、周利率、日利率等。日利率为1.0‰时,等同于月利率3.0%,等同于年利率3.6%。但为了标准起见,我们经常看到的利率,往往都是年利率。

关于利率,还有一个关键词叫"基准利率",即金融市场上具有普遍参照作用的利率,其他利率水平或金融资产价格均可根据基准利率水平来确定。由于基准利率的重要性,因此往往由一个国家的中央银行规定。

利率就好像你在规划自己未来的时候设定的一个标准,这个标准可能会因为你个人发展的阶段和处境而随时变化。譬如,为了让你的生活和工作更有方向,你的父母站了出来,给你明确了几个重要的标准——比如要找按时为员工缴纳五险一金的公司工作,这个标准就是所谓的基准利率。

在社会经济发展的过程中,央行可以通过对基准利率的调整,对经济发展施加对应的影响。如果把基准利率调高，就叫"加息"。

假设小D在银行有10万元存款，而此时的银行存款利率为2%，贷款利率为4%。那么如果央行宣布加息0.5%，小D每年的存款利息收益为10万×(2%+0.5%)=0.25万元，比加息前提高了500元。如果小D要贷款10万元，那么贷款的利率比以前也提高了，10万×(4%+0.5%)=0.45万元，比加息前贷款10万元每年多付500元利息。

因为小D每月要付的利息多了，所以他在日常生活中会更注意节约，也更注意存钱，在投资理财上会变得更加谨慎。所以，加息的目的就是减少货币供应、压抑消费、压抑通货膨胀、鼓励存款、减缓市场投机，等等。

而如果把基准利率调低，就叫"降息"。

假设小E有100万元房贷，要分20年来还，银行此前是按6.55%的基准利息给他放贷的，他每月需还款7485.2元。而央行宣布降息至6.15%，那么小E每月可以少还约234元，20年大约减负5.616万元。

因为小E每月要付的利息少了，所以小E会有更多的钱用于消费和投资，所以整个市场上的流动资金会变得更多，可以起到鼓励消费、刺激经济的效果。

在投资理财的过程中，我们几乎每时每刻都要和利率打交道。菜导首先用一个例子来说明存款利率。小F在银行买了一款90天的理财产品，年化收益率4%，总投资金额为10万元。这款产品到期后，小F觉得不对劲，因为他认为银行明明说的4%的年利率，那按这么算的话，10万元到期后应该至少拿到4000元的利息，但最终他只收到了1000元的利息。

那么，是不是银行把小 F 的另外 3000 元利息给吞了呢？答案是否定的。小 F 之所以会对自己的理财收益产生误解，就是因为没有真正理解“年化利率”的意思。

实际上，银行告诉给小 F 的年化利率，指的是小 F 这笔钱存满一年的利率，如果你只存了半年，那么只能拿到一半的利息。就好比银行现在的定存利率是 3%，你有 1 万元本金，你如果存一年的话，利息是 300 元；你如果存半年的话，利息就只有 150 元。

所以，虽然银行承诺给小 F 的年化利率是不变的，但因为小 F 投资的时间长短不同，最终获得的利息会有差异。而我们在买余额宝这样的产品时，还经常遇到一个叫“七天年化收益率”，说的也就是余额宝背后的货币基金近七天的平均收益率，同样也是年化收益率。

假设最近余额宝的七天年化收益率是 6%，那么你如果只存七天，收益是多少呢？同样以 1 万块来计算，全年的收益应该为 600 元，但由于一年有 52.14 个七天，所以你实际拿到的收益必须在 600 元的基础上除以 52.14，也就是 11.51 元。

在日常消费和贷款的过程中，我们也会接触到利率。

比如，小王买了一款总价 7188 元的手机，分 12 期付款，每期收取 0.66%的手续费（注：手续费率并非实际利率），也就是每期的手续费 47.44 元，每月仅需支付 7188÷12+47.44=646.44 元。

每期的手续费 0.66%听起来似乎很低，但很多人不好理解究竟是多高的手续费，那我们不妨换算成一年的总手续费率，0.66%×12=7.92%。

写到这里，很多人其实会误以为 7.92%就是自己从信用卡“借款消费”的年化利率，然后会进一步认为这样的“年化利率”其实不算高，可以接受，因此欣然接受了用信用卡分期消费。但事实上，7.92%压根不是真正的年化利率，真正的年化利率算出来其实是年手续费率的将近2倍。

我们套用换算公式：年利率＝年分期手续费率÷(分期数＋1)×24，算出来的年化利率是14.62%。所以，如果真的要分期，菜导建议你还是首选那些免息免手续费的，每个月只需要还本金，想想心里也舒坦一些。

那么，估计有95后会说了，小件还好，我不分期也能忍，但像买车这种大件，几乎没有不考虑贷款的吧？

在这里，菜导再举一个“1成首付新车开走”的例子。

假设小赵看中了一台官方指导价19.79万元的新车，卖车平台提供给小赵的购车方案是：首付1.97万元，手续费4000元；第1年12期，月供4498元；尾款160500元，可以选择在1年后全额支付，也可以选择继续分36期，月供5564元。

而小赵如果去线下4S店全款购买，成本如下：裸车17万元(终端实际售价)，加上购置税、保险、手续费等，大概19.5万元。

如果小赵在还完1年贷款后最终选择尾款购车，那么就相当于自己从平台获得了一个1年期贷款。那么这一年实际的贷款金额，可以等同于全款买车所需金额与平台方案首付的差额，即19.5万元－1.97万元－0.4万元＝17.13万元。照这么算的话，小A这种还款方式，实际利率为25.92%。

而如果小赵因为资金紧缺，在还满1年后继续选择分期购车，那么就相当于做了一个 4 年期的汽车贷款，而 4 年的实际利率也会达到 20.1%。

所以，利率看起来简单，但一个不留神，你就会发现自己背负的资金压力，其实远比自己以为的要大得多。

降准：社会经济的水龙头

如果你关注过财经新闻，会发现里面经常出现这样一个名词：降准。而从这些新闻的标题和描述来看，无论是个人、企业还是整个社会经济的运行，都和降准息息相关。

那么，这个降准到底是什么？

降准是降低存款准备金率的简称，是央行扩张性货币政策之一，有降低当然就会有提高，所以紧缩性货币政策就是提高存款准备金率。至于存款准备金，是指金融机构为了保证客户提取存款需要而准备在央行的存款。

举个例子，假如我们在银行存 100 元，银行就要拿出其中的 20 元放到央行里面，这个 20 元就是存款准备金，而这个 20%的比例就是存款准备金率。

我们都知道，银行的主要业务是存款和贷款。由于银行自身不会产生货币，所以他们放出去的贷款，实际上就是我们存进去的钱。但是贷款有周期，不是银行说还钱就要还钱，如果银行把存款都拿去放贷，遇到很多人一起取款，该怎么办？存款准备金的作用就是保证银行有足够兑付存款的能力，以免引起储户的恐慌。

那么，降准为什么可以引发这么多的连锁反应？因为它可以扩张货币。

举个例子，假如现在的存款准备金率是20%，有人去银行存100元，那么这100元仅仅只是100元吗？答案是否定的，通过以下操作，这100元最终会变成500元。

因为100元存进银行，银行会贷出80元；80元再存入银行，银行会再贷出64元；64元存进银行，银行贷出51.2元；然后一直存贷交替。最后会变成100＋80＋64＋51.2＋……＝500(元)，也就是100×(1÷20%)＝500(元)。

这里面的20%是存款准备金率，而1÷20%就是我们所说的货币乘数，基础货币在经过多次存贷之后，会形成乘数扩张效果。存款准备金率越小，货币的乘数效应就越大。

如果央行把存款准备金率降低5%，那么100元就会变成100×(1÷15%)≈667元，也就是比原来多出了167元。所以降准的作用就是把市场上的钱变多，形成扩张性货币政策。

对于普通人来说，降准最大的影响包括两个方面，第一是对楼市的影响。按照前面分析所说的，降准之后，银行将有更多的资金用于贷款。而在中国，个人贷款的大头就是房贷。所以每当降准之后，银行的房贷额度往往会更为宽松，贷款政策也会相应放宽，最终对楼市造成正面的刺激。

因为银行方面的资金相对宽裕了，不再需要用更高的利率募集资金，所以理财产品的收益率往往会随之走低。

为了避免降准对社会经济带来的“大水漫灌”的效果，国家也采用一些更为审慎的降准措施，比如普惠降准和置换降准①。之所以会这么审慎，就是因为不想让市场上的钱过于泛滥，导致大量的加杠杆和投机行为的出现，让整个金融体系背负更多的风险。

通胀：一生的财富之敌

通货膨胀也是95后往后经常要接触到的一个经济概念。而且，菜导要强调的是，通货膨胀可以说是每一个人一生的财富之敌！在投资理财的过程中，几乎所有的投资理财的方式，都是为了让个人财富增值的速度跑赢通货膨胀的速度。

那么，什么是通货膨胀呢？用通俗的话来说，通货膨胀就是货币供应量大于实际需求量，也就是说市场上货币超发②，钱太多了，从而货币贬值，引发了物价的持续上涨。而如果市场上的货币供应量小于实际的需求量，就会产生通缩，使得大众的货币所得减少、购买力下降。长期的货币紧缩会抑制投资与生产，导致失业率升高、经济衰退。

---

① 普惠降准是指为普惠金融的机构降准，比如贷款给小微企业达到一定标准，就降低他们的存款准备金率。置换降准指银行需要用降准的钱归还欠央行的负债。

② 货币超发，指发行的货币面值总额大于经济价值总量的现象。

为了方便大家理解通货膨胀，菜导继续举个例子：假设某个小镇上有1万人，每个人手中有20元，小镇的总货币量就是20万元。同时小镇上有20万件商品，每件商品的价格1元。也就是，货币面值总额等于经济价值总量。

某一年，镇长为了刺激疲软的经济，开动印钞机，往市场上投放了40万元，这样市场上总货币量就是60万元。在社会总商品20万件不变的情况下，每件商品的价格从1元变成了3元，这就是通货膨胀的过程。

所以，**通货膨胀带来的第一大影响，就是社会购买力下降，大家会感觉自己越来越穷**。

社会物价上涨中最具代表性的就是猪肉，以前一斤猪肉几元，现在呢？没有几十元是买不来一斤的。但实际上一斤猪肉的价值没有变过，十年前的一斤猪肉和现在的一斤猪肉有什么不同吗？显然没有，变的是货币，货币贬值了，或者说货币购买力下降了。

通货膨胀的第二大影响是刺激经济增长，带动就业和增加收入。

我们说通货膨胀主要是由于"开闸放水"导致的，而"开闸放水"的本意就是为了刺激经济的发展，短期内扩大生产规模，提高工资收入。每个人感觉自己越来越有钱了，就会有消费的冲动，物价跟着上涨。这样的话，投资增加，消费增加，出口增加，周而复始，经济势必会迎来大发展。所以说，通货膨胀并不一定是坏事，适度的通货膨胀是社会经济发展的必然条件，但如果每次都靠"放水"来提振经济，则不利于社会经济的可持续发展。

通货膨胀的第三大影响为财富流失。

股神巴菲特说过:“通货膨胀是一种税。”之所以会有这样的效果,是因为通货膨胀会带来收入的增加,也就是说有更多的人要纳税了。由于我们国家的收税基准很低,只要你稍稍努力一下,就可以加入纳税人群了。而多数人工资上涨的速度又赶不上通胀的速度,最后的结果就是:你的财富在通胀面前又贬值了。

通货膨胀的第四大影响是会推动社会收入的再次分配,使贫富差距逐渐拉大。

每次的“开闸放水”都不是一蹴而就的,而是一个渐进的过程,这个过程也导致了贫富差距的拉大。因为能在第一时间得到资金的都是拥有丰富资源和实力的人,他们把资金投入运营再生产,等到资金流到基层的时候,前面的人赚得盆满钵满了。而后面的人往往就得默默承担着物价上涨带来的压力。无形之中,有钱人财富增值更快更多,而穷人只会越来越穷。

因此,货币发行的速度要与经济发展相匹配。

如果货币超发,不光是通货膨胀所带来的各种负面影响,还会破坏国家信用。如南美洲的委内瑞拉遭遇的经济危机,与超发货币有很大的关系。所以,每次要进行大规模建设的时候,央行往往会选择发行债券的方式来筹措资金。

滞胀：进退维谷的财富困局

在通胀和通缩之外，还有一个会对个人财富带来直接影响的名词，叫“滞胀”。

滞胀的全称为停滞性通货膨胀，停滞性指的是经济停滞，所以滞胀的意思是指在经济停滞阶段发生严重通胀。

正常情况下，当经济衰退发生时，社会失业增加，居民收入减少，消费受到抑制，物价持续下降。但是滞胀却恰恰相反，在经济衰退发生时，物价持续上涨，形成高通胀、高失业和低经济增长的独特经济现象。

在这种经济增长停滞和通货膨胀并存的两难局面下，货币政策往往也会陷入左右摇摆的困境。因为按照惯例，增长停滞要求“放水”，通胀则需要紧缩，结果滞胀同时具备了两个特点。

不过，好消息是，滞胀不经常出现。但坏消息是，一旦出现，会很麻烦。在 20 世纪 70 年代，美国经济曾经出现过一次滞胀，代价是整整 13 年的经济衰退。

那次滞胀的背景是 1972 年自然灾害席卷全球，世界粮食减产，食品价格大幅上涨。紧接着 1973 年第四次中东战争爆发，石油价格也猛然上涨。由于能源和食品价格的上涨，美国经济承受了巨大的通胀压力。

另一方面，美国在经历近 20 年的科技高潮后，生产力遭遇瓶颈期，缺少可以推动经济快速增长的新动力。而就在此时，出口贸易额又遭到重挫，从顶峰时期30%的全球出口份额下降到20世纪70年代初期的15.5%，甚至在1971年开始出现逆差。

最终，为了挽救经济，美国采取了扩张性货币政策。刚开始的时候，宽松的货币确实对提高经济增长和降低失业率起到一定作用，但是弊病却更突出——**由于经济缺乏增长点，大量的货币反而无处可去。在石油和食品价格上涨的情况下，直接把通胀推到两位数**。

最终的结果是美国出现经济滞胀。大量企业倒闭，银行破产，失业率最高时达到10.8%，通胀率达到10.46%，GDP增速则跌到2.9%。到了1980年，美国政府仅支付利息一项，就占到政府每年总支出的10%。

后来，美国通过稳定货币供应量、减轻赋税、缩减开支、减少政府干预这四大措施，花了13年的时间，才解决了滞胀的问题。但在这个过程中，一度有数千万美国人失去工作，大量企业破产倒闭，社会经济一度进入自由落体的状态。

现在来看，我们国家也在采取相关措施，预防可能出现的经济滞胀。对于国家来说，治理滞胀不仅需要高超的管理艺术，还需要合适的内外部契机，以及最重要的时间。而对于个人来说，滞胀也不是不可预防的。

菜导建议，如果滞胀真的发生了，对于每个普通人来说，应当做好以下四点：

首先，必须持有足够的现金。现金是经济危机最好的防御工具，可以保证你不会出现资金链断裂，能够很好地应对各种突发事件。

其次，要适度储备必需消费品。因为通胀走高，对于紧缺商品的价格会有明显推高作用，但是经济下行会抑制消费，所以非必需品价格可能会因为抛售而下跌。在 20 世纪 70 年代美国滞胀时期,表现最好的刚需商品是食品、能源和医药。

再者,可以适度减持权益性资产。在经济的滞胀阶段,利率一般会向上走,对权益类资产的表现并不友好,而且经济增速下滑,企业经营不理想会造成股价下跌。债券的表现也不会特别理想,因为利率上行会压低债券价格,同样也会因为经济问题出现违约现象。

最后,考虑适度增加对抗通胀的硬通货。正常情况下,房子也是硬通货,但是如果经济持续下滑,甚至出现危机,房价泡沫容易被挤破,出现下跌。所以,可以持有一定的保值资产,比如说黄金、外汇,等等,但是持有的作用不是为了投资收益,而是保值和防御。

刚兑:最熟悉的陌生人

聊到刚兑,菜导首先替所有 95 后感到惋惜,因为你们的前辈已经享受了十来年购买理财产品都有收益的安逸时光,而如今这种大概率不复存在。相信你们肯定要问了:那为啥以前投啥理财产品都能赚钱,现在就不行了呢?

在这里,菜导也讲个小故事吧。2004 年,小李决定下海经商,但因为手头钱不够,所以他找了 10 个同学借钱,小李承诺说,不管你们借多少钱,一年以后,我都按 8%的年化利率连本带息还给你。结果,一年以后小李经商没赚到钱，但小李又不好意思打破最初找别人借钱时立下的承诺，所以他有两个选择来兑现自己的诺言：要么挪用自家的其他款项填上这个空缺；要么再找 10 个人另借一笔钱，先把之前欠同学的还上。

小李的这种按承诺支付的行为就叫刚兑。刚兑的全称叫刚性兑付，指的是金融机构对其发行的各种资管和理财产品采取的兜底行为。2018 年 4 月，中国人民银行、中国银行保险监督管理委员会、中国证券监督管理委员会、国家外汇管理局联合发布的《关于规范金融机构资产管理业务的指导意见》，要求金融机构不得承诺保本保收益，产品出现兑付困难时，不得以任何方式进行垫资兑付。也就是说，中国人买啥理财产品都赚钱的历史，就此宣告结束。

那么，为什么国家必须要求金融机构打破刚性兑付呢？从小李的故事可以看出，市场是存在一定风险的，没有稳赚不赔的生意。而在金融市场上，风险会进一步放大，无论金融机构再怎么专业，也很难保证每一个产品都能百分百赢利。

以前，金融机构在出现兑付困难的时候，会采取滚动发行、自筹资金兑付或委托其他金融机构代付的方式解决。

所谓滚动发行，就像是小李这笔钱还不上了，就去借另外一笔钱先来填这个坑；所谓自筹资金，就像是小了这笔钱还不上了，就把自家的存款先拿出来付掉；所谓委托其他金融机构代付，就好像是小李在借钱的同时花钱去保险公司买了一笔保险，如果小李还不上了，那么就由保险公司赔钱给借钱的人。

滚动发行的问题是，小李并没有真正解决如何还钱的问题，而不过是通过不断借新还旧的方式，把危机延后了；自筹资金的问题是，小李万一家底不殷实，很容易就会把自己的钱包掏空，最终破产；委托其他金融机构代付的问题是，如果第三方觉得小李的问题越滚越大，他往往有可能拒绝和小李合作，或者给小李提一个他没法承受的合作条件，让小 A 进退两难。

所以，要打破刚兑的核心原因是市场本来就存在各种各样的风险，而刚兑不仅没有延缓风险，反而极大地助长了风险的产生。小李个人破产影响不大。如果一家银行破产了，造成的影响可就大了。

这也是为什么，国家要在 2018 年下决心打破刚兑的直接原因。而放眼全世界，绝大多数的海外基金和理财产品，根本没有“保本”一说。不管你投资何种资产类型（比如股票、债券、房地产等），都没有人能够保证该投资一定不亏钱。比如大家都知道的歌神张学友，在 2008 年以前，张学友在全球第四大投资银行雷曼兄弟公司投下了巨额资金。结果，雷曼兄弟在 2008 年的金融危机里宣告破产，导致张学友损失惨重。

所以，对于金融机构来说，打破刚兑从长远来看其实是件好事，因为他们不再需要承担刚兑带来的隐性风险，业务运转会更加健康，而且整个社会的金融体系，也会因此而更为稳定。

但不是所有人都有专业的投资能力和强大的产品识别能力，再加上过往十余年的刚性兑付已经形成了强大的心理惯性，所以在全民理财教育还未真正普及之前，要接受“不能再闭着眼睛买理财”这个事实，可能还需要一定的时间，甚至从一场惨痛的教训中才能深刻领悟。

庞氏骗局:借你慧眼防踩坑

估计很多95后都听说过“庞氏骗局”这个词,但可能大多数人都不清楚这背后到底是怎么操作的。

庞氏骗局是以意大利人查尔斯·庞兹命名的。这位意大利老哥1903年移民到美国,在美国干过各种工作,却始终没发大财。不仅如此,他还因为伪造罪在加拿大坐过牢,在美国亚特兰大因走私人口而蹲过监狱。

折腾了十几年以后,庞兹发现要想来钱快,还是得靠金融业。于是,1919年,庞兹来到了波士顿,隐瞒了自己劣迹斑斑的过去,并包装设计出一个投资计划,向美国大众兜售。

庞兹宣称,从他这里购买欧洲的某种邮政票据,再卖给美国,便可以赚钱。虽然明眼人一下就能看出来这种方式根本不可能赚到钱,但普罗大众根本搞不懂这种看起来极其复杂的金融产品,只知道在90天内可以获得40%的回报。

第一批投资者按时按量拿到了庞兹所承诺的回报,这一消息便在波士顿市民中快速传播开来,大量不知所以的投资者开始跟进。在接下来的一年多时间里,参与庞兹的投资骗局的波士顿市民超过4万人,庞兹本人共收到约1500万美元的投资款项,可以购买几亿张欧洲邮政票据,但他实际上只购买过两张。

后来，由于资金链的断裂，庞兹的骗局终于败露，人们也由此开始把这种利用新投资人的钱来向老投资者支付利息，以制造赚钱的假象进而骗取更多投资的骗局，称为庞氏骗局。

虽然庞氏骗局早已名声在外，但几乎每年都有数以千万计的人被各种各种花样翻新的庞氏骗局坑害了。那么，人们为什么会“明知山有虎，偏向虎山行”呢？

答案很简单：利欲作祟。

一般来说，不管用了怎样的概念进行包装，庞氏骗局有其不变的核心套路：

套路一：不管社会经济环境如何，都能向你承诺高收益

社会经济有其固定的周期，也没有永远上涨的市场——哪怕你只是买个猪肉、白菜，价格也会时涨时跌，更别提其他的投资品了。所以不管你投资什么东西，得到的收益总是会有高有低，呈现出周期性的波动。

但总有人能拍着胸脯告诉你，只要你把钱给他，就可以躺着赚钱，而且收益比你在正规金融机构了解到的投资收益要高出一截。如果你听到这样的承诺，基本上就可以开始怀疑这是不是一个庞氏骗局了。

套路二：不管投资什么，都能向你承诺稳赚不赔

金融市场存在大量的风险，没有稳赚不赔的东西，尤其在打破刚兑之后，真正完全保本的投资理财方式，几乎只剩下国债和定存了。

所以请务必记住，只要有人跟你说收益高且无风险的，他介绍的这个

产品的“庞氏率”基本就已经超过60%了。收益与风险永远是成正比的，如果有人说他们可以让你大赚特赚而且不承担风险，或者风险极低之类，基本上你就得多留一些心眼。

套路三：资金投向大都闻所未闻

由于层出不穷的庞氏骗局已经把绝大多数常见的套路用完了，所以如今庞氏骗局的操盘者们，往往会挖空心思捏造一个你完全没有听过的东西或概念。比如各种货币、看不懂的科技项目、吹得很厉害但比市场上同功能产品贵很多的新产品……

而且，为了证明自己所推销项目或产品的权威性，骗局的操盘手们往往会用各种概念对产品进行包装，让外行一看就真以为是个万众瞩目、无法复制的全新机遇，觉得机不可失。

但实际上，新领域投资是一个非常专业的、限定在极少数业内专家圈里。如果某种闻所未闻的新领域真有其价值，早在普通人知道之前，各种专业的创投机构早就接洽上了，完全用不上向大众募集资金。反而是骗你的玩意，才会那么着急地敦促你掏出口袋里的每一分钱。

套路四：花样层出不穷，让你难以脱身

庞氏骗局的发明者庞兹，在事情败露蹲了几年监牢之后，根本没有任何悔过的意思，反而继续发明出新的套路来骗钱。美国人后来忍无可忍，把他遣返意大利，结果他居然想去骗当时意大利的领导人墨索里尼！

可见，庞氏骗局的操盘手们，从来不甘心用一套花样走天下，所以在通过花言巧语把你拉下水之后，他们往往还会炮制出新的骗局来留住你。

从另一个角度来看，庞氏骗局要想维系下去，除了不停地吸纳新投资者的资金，还有一种方式就是让老投资者掏出更多的钱。所以，很多庞氏骗局会设计一套复杂的会员层级机制，变着花样让你投钱，表示只有这样，你才能获得更高的会员层级和更高的投资收益。

所以，当你发现一个投资渠道需要你反复不断地以各种名义追加资金的时候，当你发现一个投资渠道在不断“拉新”的时候，请当心！

套路五：发展下线

几乎所有庞氏骗局都会设计一套金字塔式的会员发展制度，让已经进来的人通过自己的亲友圈发展新的下线。是的，传销就是这么来的，严格意义上来说，传销也算是庞氏骗局的一大变种。通过这种手法，骗局的操盘手可以在短时间内聚集大量的资金，随后就会来个“一锅端”，消失得无影无踪。

所以，只要是设定有多层下线的投资产品，那基本可以把它认定为庞氏骗局了！

总之啊，庞氏骗局的套路真的一点都不复杂，有的人被骗是因为自己确实不懂，被一时的贪婪蒙蔽了心智；有的人早知道这是一个局，只不过觉得自己够聪明，不会成为击鼓传花的那最后一棒，希望狠捞一把就走。

但实际上，入“坑”容易脱“坑”难。要想别被庞氏骗局“套路”进去，唯一的做法就是远离它。

周期:踩准历史的进程

虽然95后才刚刚进入社会,但如果对经济发展史略有了解,会发现经济领域几乎有一种宿命式的“规律”,无论任何国家,经济都会时好时差,不会一直繁荣,也不会一直萧条。这种永不休止的轮回,用一句话来概括,就是“历史不会重演,但会惊人的相似”。

举个例子,假设在一个孤岛上,有人制造出了一种食物,有人购买尝试后觉得好吃,一传十,十传百,岛上对于这种食物的消费需求越来越多。于是食物发明者雇了一些人来运转,赚的钱也就越来越多。

有人看到了这里面的赚头,于是进行研究后学会了制造这种食物,也雇用一些人开始卖这种食物。会做这种食物的人越来越多,这种食物的供给越来越大,竞争也越来越大。这带来一个问题,总供给开始超出总需求,囤积大量货物的现象出现,随之带来了亏损、裁员、购买力下降、降价。由此,市场开始萎缩,直到新的需求在信贷或科技的驱动下出现,然后进行又一次的循环。

从专业的层面来看,这种循环被称为经济周期,与我们每个人都息息相关的。一般来说,经济周期指由工商企业占主体的国家在整体经济活动中出现波动的现象,而一个完整的经济周期会包含以下四个阶段——繁荣、衰退、萧条、复苏。

根据经济周期时间长短，以不同经济学家的名字命名。我们常讨论的经济周期主要分为四种类型，依次分别是康德拉季耶夫周期、库兹涅茨周期、朱格拉周期和基钦周期。

在这四个周期里面，时间最长的是康德拉季耶夫周期，简称康波周期。一个完整的康波周期往往需要 50～60 年才能走完，而驱动整个周期运转的核心动力，是社会科技的进步。所以，也有人把康波周期称为"时代周期"。

根据康波周期的理论，自工业革命以来，全球已经历过四轮完整的康波周期，每一轮周期的起始或者结束都以一个突破性的技术作为标志，如纺织工业和蒸汽机技术、钢铁和铁路技术、电器和多重化技术、汽车和计算机技术。

而如今，全球经济正处于第五轮康波周期（1991 年至今）中，以信息技术为标志性技术创新。还有专家认为，以美国繁荣的高点 2007 年为康波繁荣的顶点，自 2007 年至今，全球经济正处于康波周期的衰退期和萧条期之间。

库兹涅茨周期也被称为房地产周期，因为它主要以建筑业及房地产市场每 15～25 年的兴衰波动为准绳。由于建筑业与房地产的需求变化与人口的繁衍与迁移息息相关，所以库兹涅茨周期也在一定程度上体现了一个国家的人口周期变化。如果从 1998 年的住房商品改革开始算，中国目前已结束第一个库兹涅茨周期的上行期，正处于此轮库兹涅茨周期的下行期。

朱格拉周期被称为制造业的"晴雨表"，体现出制造业每 8～10 年的中周期波动，这种周期波动以设备更替和资本投资为主要驱动因素。设备更替与投资高峰期时，经济随之快速增长，设备投资完成后，经济也随之衰退。

朱格拉周期在中国已经有所体现。自 2011 年起，各项数据表明，我国设备投资增速开始大幅下滑，到了 2017 年，则开始出现了一定程度的回暖迹象，表明我国目前处于上一轮朱格拉周期的底部或新一轮朱格拉周期的初期阶段。

基钦周期是最“迷你”的周期，一般 4～5 年一个轮回。由于它反映的是实体企业的存货状态，因此也被称为“库存周期”。按照基钦周期的理论，中国目前正处于被动补库存和主动去库存的阶段。

在这四大周期里面，目前最广为人知的，莫过于康波周期。康波周期的核心观点是：全世界的资源商品和金融市场会按照 50～60 年为周期进行波动，一个大波里面有四个小波：繁荣、衰退、萧条、回升。在康波周期的研究者看来，人生发财靠康波，每个人的财富积累来源于经济周期运动时，提供给所有人的“时代的机会”。

在菜导看来，尽管人们把包括康波周期在内的各种周期理论传得神乎其神，但实际上也没有多少人能真正说明白，这当中有哪些是对的，哪些是错的。但回望中国改革开放 40 年的经济发展史，我们不得不承认的是，经济周期对于个人命运的影响是巨大的。正所谓“台风来的时候，猪都能飞；潮水退去的时候，龙也会死”。

在必然的经济周期面前，个人的抵御能力是很有限的。就如同个人无法改变历史进程的方向，个人同样也无法改变经济周期运行的法则。

我们无法准确地预测接下来几十年经济周期将如何运行，我们能做的，只是在当下尽自己最大的努力做好手头的事，同时做好最充足的准备。

那么，有没有应对各种经济周期的理财思路呢？答案是美林投资时钟。

美林投资时钟是美林证券在2004年提出的一个投资理论，是一种将“资产”“行业轮动”“债券收益率曲线”以及“经济周期四个阶段”联系起来的方法（见图5-1）。

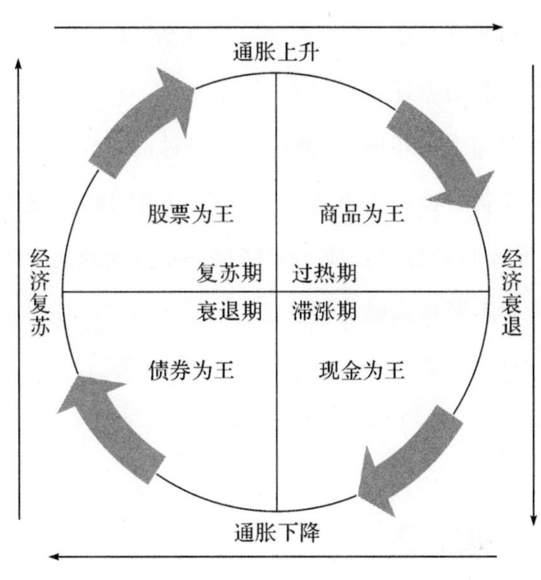

图5-1 美林投资时钟示意图

这一理论按照经济增长与通胀的不同搭配，将经济周期划分为四个阶段：

第一个阶段：“经济上行、通胀下行”构成复苏阶段。此阶段由于股票对经济的弹性更大，其相对债券和现金具备明显超额收益。

第二个阶段：“经济上行、通胀上行”构成过热阶段。在此阶段，通胀上升增加了持有现金的机会成本，可能出台的加息政策降低了债券的吸引力，股票的配置价值相对较强，而商品将明显走牛。

第三个阶段:“经济下行、通胀上行”构成滞胀阶段。在滞胀阶段,现金收益率提高,持有现金最明智,经济下行对企业盈利的冲击将对股票构成负面影响,债券相对股票的收益率提高。

第四个阶段:“经济下行、通胀下行”构成衰退阶段。在衰退阶段,通胀压力下降,货币政策趋松,债券表现最突出,随着经济即将见底的预期逐步形成,股票的吸引力逐步增强。

当然,在不同的市场环境下,美林投资时钟的轮换周期各不相同。比如在中国,美林投资时钟甚至有可能在一年左右的时间便可完整轮回一次。这种特性导致我们每个普通人都很难一劳永逸地对个人资产进行中长期配置,而需要不断地调整和修正。

复利:巴菲特的最爱

关于复利这个名词,大家对它的褒奖都非常夸张。有人说它是“世界第八大奇迹”,有人说它是“宇宙间最强大的力量”。在正式解释它的逻辑之前,菜导先问大家一个问题:如何赚到你人生的第一个100万元?

估计身为95后的你肯定会说,开什么玩笑,我现在连100万元的零头都没挣到,你就给我画这么大的饼?除了中彩票,难道还有其他的办法?

当然有!

我们不妨算一笔账:假设你每个月攒4000元,这样攒够100万元,需要21年左右。那如果你换一种方法,每月同样攒4000元,但把这4000元通过基金定投等方式,获得平均10%左右的年化收益,那么你攒够100万元,就只需要16年。

怎么样,是不是看起来有点盼头,但似乎还是有点遥远?那菜导再假设一下,如果你和你的伴侣每年能通过自己的努力,存下18万元左右的资金,那你基本上可以在5年内攒到人生的第一个100万元。

还是不信?菜导把整个过程算给你看:

第一年:存入18万元,以10%的年化收益率进行投资;

第二年:18×1.1+18=37.8(万元);

第三年:37.8×1.1+18=59.58(万元);

第四年:59.58×1.1+18=83.54(万元);

第五年:83.54×1.1+18=109.9(万元)。

如果不算每年新存款的理财收益,按此操作,5年后你的存款能达到109.9万元,比100万元还多9.9万元。其中收入存款90万元,理财收入达到19.9万元。

有没有觉得很神奇?以为100万元难以企及,结果5年就可以实现了,其实这就是复利的力量。如果每年的结余够多或者年化率能够更高,不需5年就可以存够100万元。

所以,复利的关键就在于,在你投资理财的过程中,利息除了会根据本金计算外,新得到的利息同样可以生息。由复利产生的财富增长,也就是我们常说的"利滚利",可以对一个人的财富带来深远的影响。

当然,要想达到理想的复利效果,需要严格遵守两个关键因素:一是投资时间的持续性；二是投资收益的持续性。对于多数人来说，连续数年的不间断投资本就是一种极难做到的事情，而稳定收益的持续性，则更需要专业的搭配和不断地即时调整。

可见，复利看起来很简单，执行起来却并不容易。正如投资大师查理·芒格所言：理解复利的魔力和获得它的困难是理解许多事情的核心和灵魂。

但是，菜导也认为，复利是每个普通人实现收入指数化增长，走上财务自由的必要条件，在理财这条道路上，我们永远离不开复利效应的影响。

那么，如何建立自己的复利法则呢？菜导认为有三大要点必须注意：

要点一：坚持理财时间的可持续性

复利的神奇之处在于雪球效应，通过足够长的时间把小额资金越滚越大。但是，在初始阶段效果并不明显，这就需要坚持不断地投资，以达到指数式爆发增长的临界点时间。所以，理财的第一步就是坚持，充分利用闲散时间投资理财。

要点二：制订合理的理财收益目标

复利效应要求长期的稳定回报，收益目标定多少合适呢？这里菜导给大家两个参考标准：第一个是 72 法则，用于估计投资翻倍的时间。比如说，你制订目标年复合收益率为 12%，那么你实现本金翻倍的时间就是 72÷12=6 年。大家可以按照自己的实际情况算一下，按照自己现在的投资回报率，实现本金翻倍需要多长时间，再根据时间长短调整理财收益目标。

第二个是参考 CPI①、GDP②、M2③ 增长幅度。跑赢 CPI 增速也就是跑赢通胀，是理财的基本要求，意味着手中的钱实现保值；跑赢 GDP 增速叫增值，说明你资产增加的速度和国家经济发展速度一致；跑赢 M2 叫超值，说明你的财富超过了这个社会财富增长的水平。

要点三：避免亏损是底线

复合增长最大的敌人就是亏损，不管是单次的重大亏损，还是长期的微小亏损，都足以毁掉好不容易滚起来的财富雪球。

巴菲特说：**"投资的第一条准则是永远不要亏损；第二条准则是永远不要忘记第一条。"**避免亏损是理财投资的底线。

当然，谁也无法保证自己会不会踩雷。所以，投资不仅要设置盈利目标，也要设置止损点。当你已经陷入亏损时，请及时止损。

从菜导的经验来看，不少人制订理财目标，往往只看到眼前短期的高收益，却不能放长眼光思考如何获取长时间的稳健回报，大赚大亏的结果常常是得不偿失。有句话叫作：投资不是比谁赚得多，而是比谁活得久。

---

① 消费者物价指数（Consumer Price Index），又名居民消费价格指数，简称 CPI。是一个反映居民家庭一般所购买的消费品和服务项目价格水平变动情况的宏观经济指标。

② 国内生产总值（Gross Domestic Product，GDP），是指按国家市场价格计算的一个国家（或地区）所有常住单位在一定时期内生产活动的最终成果，常被公认为是衡量国家经济状况的最佳指标。

③ 广义货币供应量（M_2），是指流通于银行体系之外的现金、企业存款、居民储蓄存款以及其他存款，通常用来反映社会总需求变化和未来通胀的压力状态。

古人云:“不积跬步,无以至千里;不积小流,无以成江海。”理财同样如此,要想借助复利效应实现财务自由,我们既要坚持长时间的投资,还要收获长期稳定的收益回报,更要避免亏损。

巴菲特还把通过复利进行财富累积的过程比喻成“滚雪球”。按照巴菲特的说法,滚雪球最重要的是发现很湿的雪和很长的坡。在滚动前,如果能搓一个足够大的雪球,便会事半功倍,这就是开源节流的重要性。后面很湿的雪和很长的坡就是理财的重要性了。

而用一句话来概括这个“滚雪球”的过程,就是“做时间的朋友”。巴菲特所说的“很湿的雪”,指的是优质的投资标的;“很长的坡”其实就是足够长的时间,只有足够长的时间,你才能滚出巨大的财富雪球。

在巴菲特看来,要想让复利发挥最大的效果,除了“活久一点”,更重要的是“早点开始投资”。早 5 年晚 5 年,最后“滚”出来的雪球,差异会很大。

总之,理财和钱多少、收益高低其实并没有太大的关系,最重要的是和时间做朋友,善于利用时间这个最大的杠杆,最终一定能获取丰厚的回报。

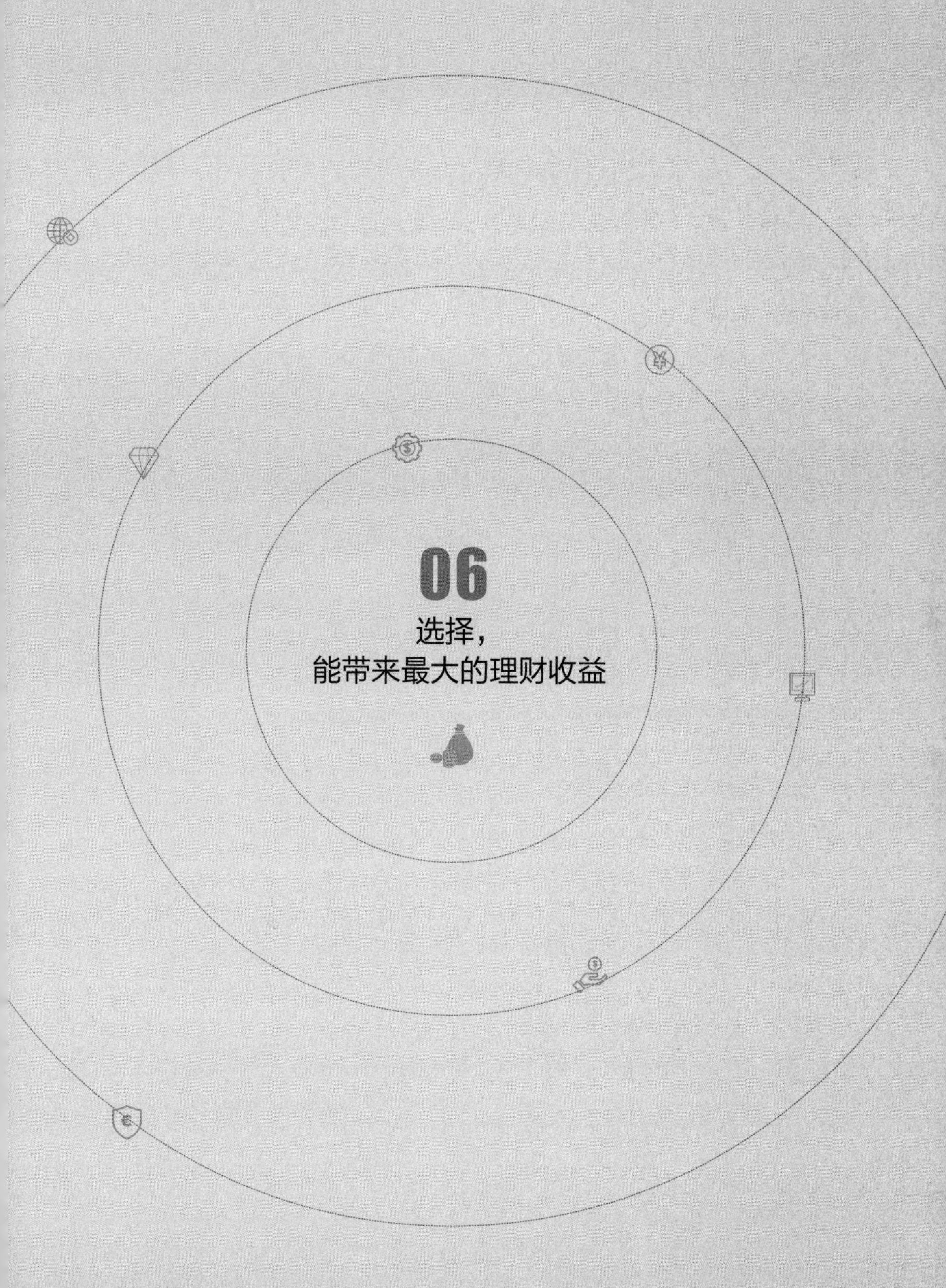

06

选择，能带来最大的理财收益

从长远看，大约 90% 的投资收益都是来自于成功的资产配置。如果你能这样坚持 15 年，那么你的收获肯定要比单凭运气或偶然所获得的回报大得多。

——“全球资产配置之父”加里·布林森

对于绝大多数 95 后来说，资金有限，生搬硬套地进行专业的资产配置，也确实有点“画虎不成反类犬”。所以，菜导的建议是，每一位 95 后至少都应找到自己在理财领域的“三驾马车”：固收产品、权益产品、保障产品。

对于 95 后来说，只要能驾驭好这新时代理财的三驾马车，足以让你安稳穿越时代变化的急流险滩，在时间的助力下，赢取人生稳稳的幸福。

去银行买理财产品靠谱吗？

有点闲钱怎么理财？绝大多数人的回答是买银行理财产品。毕竟银行是中国金融体系毫无疑问的中流砥柱，是普通人日常接触得最多的金融服务商，也是目前市面上门类最齐全的理财产品销售平台。

但如果你仔细看过前面几章分享的内容，就会知道，现在银行理财也不能刚兑了。在定存、国债等产品之外，银行卖给个人的理财产品不仅不能再承诺保本保息，保不准也有亏本的可能。

那么，以后去银行买理财产品，到底还靠不靠谱呢？

首先，我们要明确的是，相较于其他机构，银行在理财领域确实有极大的先发优势。银行的客户最多、牌照最全、销售和服务体系最完善、挑选产品的选择范围更大。所以如果你在理财领域完全是个新手，找一家口碑不错的银行开始你的理财之旅，完全是个靠谱的决定。

必须掌握的银行理财产品十大名词

由于现在银行竞争日益激烈，很多银行的客户经理在跟你做沟通的时候，未必会真正的尽职尽责，反而会经常出现一些误导销售的行为。所以，为了防止你被银行的客户经理"带进坑"，以下有关银行理财的专业名词你必须学会。

(1)固定收益 VS 预期收益

固定收益，即到期收益是固定的，固定收益与到期实际收益率一致，即固定收益为 9.6%，到期实际收益率就为 9.6%。

而"预期收益"并非理财产品到期的实际收益，而是银行在发行理财产品初期对产品最终收益率的一个估值，当预期收益为 10%时，到期实际收益可能为 5%，收益不确定。

(2)年收益率 VS 年化收益率

年收益率是指投资期限为一年所获的实际收益率。与年收益率不同，年化收益率是变动的，是把当前收益率(日收益率、周收益率、月收益率)换算成年收益率来计算。

年化收益率＝(投资内收益÷本金)÷(投资天数÷365)×100%

举个简单的例子，某款 87 天的银行理财产品，年化收益率 5%，5 万元投资，到期的实际收益为 50000×5%×87÷365＝595.89(元)，绝对不是 2500 元。

(3)复利计息

不少理财产品说明书中都提到“复利计息”,这究竟是指的什么?

顾名思义,复利计息是把本金和利息加在一起来计算下一次的利息。比如投入50000元,年利率为6%,一年下来就是53000元;第二年就以53000元为本金开始计息,到第二年末就是56180元。

值得注意的是,复利计息的产品,需要长期坚持投资才能享受到复利带来的丰厚收益,短期投资意义不大。

(4)保本比例

即产品到期时,投资者可以获得的本金保障比率。比如,某银行一款结构性理财产品,说明书中详细写明产品的保本比例80%,意味着到期时本金可能亏损20%。所以要注意,在选购理财产品时要看清收益类型、保本比例,不要一味听从销售人员对收益的宣传。

(5)清算期

这就是经常能看到的“T+0”“T+1”“T+2”等,“T”即产品到期日,“0、1、2”是投资者本金和收益到账需要经过的时间,即清算期。要注意,资金在清算期是“零收益”,所以清算期越长,利息损失也会越大,也会摊薄理财产品的实际收益率。

(6)提前终止

很多金融机构发行高收益理财产品来“吸金”,尤其是一些银行理财产品,为了揽储、冲考核时点,就会发行这类理财产品。但是当过了这些时点,资金面回暖,银行揽存压力减少,可能会选择提前终止高收益理财产品。因此,在购买理财产品时要多留个心眼,注意合同中是否有提前终止的条款。

(7)潜在收益率

客户经理在推广某款产品时会说："一年期人民币结构性投资账户到期潜在收益最高年化近 40%。"那么，到期的实际收益又是否真的如此呢？

潜在收益率是指有可能达到的最高收益率，而实际上达到这种最高收益率的难度不亚于中彩票大奖。所以也不必太把客户经理的这种话当真。

(8)募集期

指投资者可以购买产品的时间阶段。各银行理财产品的募集期长短不一，甚至同一家银行不同产品的募集期都是不同的。需注意的是，在产品募集期内，投资者的资金是不计息的。因此，在选购理财产品时，要避免募集期带来的收益摊薄，募集期越短越好。

(9)到期日 VS 到账日

到期日是指理财产品的投资截止日，需要注意的是到期日不等于到账日，产品到期后的资金到账日大概还需 1～3 个工作日，大家在安排资金使用情况的时候要充分考虑到期日和到账日之间的这段空档期。

(10)赎回条款

个别的理财产品可能会给予客户赎回的权利，赎回就是可以在某一指定的时段，提出要求终止此项理财合同，把你自己的钱要回来。这要先看提前终止条款，如果有规定客户能够提前赎回，那一定要看好可以赎回的时间，一般只是几天，千万不要错过。

牢记买对银行理财产品的两大要点

除了要了解上文提到的基础名词，还要知道以下两点银行理财产品时必须铭记的要点，不管你对选择的银行和服务你的客户经理有多么的信任。

第一大要点：明确理财产品的具体类型

常见的银行理财产品可以分为三类：保本固定收益型、保本浮动收益型、非保本浮动收益型。

保本固定收益型，是指银行会为理财本金和收益提供保障，风险较低，收益较稳，是新手入门理财的首选。

保本浮动收益型，是指银行能够保障这类产品的本金安全，但收益是不固定的。如果你选择的银行比较靠谱的话，一般来说这种理财产品的最终收益率也能达到设定的预期收益率。所以你遇到这种产品的时候，也不用过于担心，只是在选择时要认清“浮动收益”的特性，保持良好的心态。

非保本浮动收益型，是指银行不会为本金及收益提供保障，投资者不仅收益会面临风险，连本金也会面临一定风险。所以菜导建议这类产品，最好还是等你有了一定的投资经验以后，再进行购买。

第二大要点：分析理财产品的风险评级

你在银行买到的理财产品，有的是银行自己发行的，有的是银行代销的。当然，不管你买的是什么产品，银行在卖给客户之前，都会根据产品风险特性，将理财产品风险由低到高分为 R1～R5 这 5 个等级。

然后在你购买银行理财产品之前，银行的客户经理也肯定会对你做一次风险测评。所以如果你不知道在银行买啥产品比较好，那么根据你风险测评的结果，找到对应的风险评级的产品买就行了。

第一种是 R1(谨慎型)，该级别理财产品保本，风险很低。R1 理财产品为保证本金、浮动收益产品，由银行保证本金的完全偿付，产品收益随投资表现变动，且较少受到市场波动和政策法规变化等风险因素的影响。产品主要投资于高信用等级债券、货币市场等低风险金融产品。

第二种是 R2(稳健型)，该级别理财产品不保本，风险相对较小。R2 理财产品不保证本金的偿付，但本金风险相对较小，收益浮动相对可控。

第三种是 R3(平衡型)，该级别理财产品不保本，风险适中。R3 理财产品不保证本金的偿付，有一定的本金风险，收益浮动且有一定波动。

第四种是 R4(进取型)，该级别理财产品不保本，风险较大。R4 理财产品不保证本金的偿付，本金风险较大，收益浮动且波动较大，投资较易受到市场波动和政策法规变化等风险因素影响。

第五种是 R5(激进型)，该级别理财产品不保本，风险极大。R5 理财产品不保证本金的偿付，本金风险极大，同时收益浮动且波动极大，投资较易受到市场波动和政策法规变化等风险因素影响。

总体来说，R1 级风险很低，一般可以保证收益或者保本浮动收益；R2 级风险较低，一般是比较安全的非保本浮动类理财产品。这两个等级的理财产品，是多数人的选择。R3 级以上的由于不能确保本金及收益，具有一定的风险性，在选择的时候也要擦亮眼睛问清楚明细，尤其可以关注一下投资方向。

基金就一定赚钱?

买基金真的能赚钱吗?从中国基金行业发展20年的历史数据来看,赚钱的客观事实也是存在的。但如果你去问一下老"基民",得到的反馈却并不理想。

这又是为什么呢?

原因很简单,如果把理财比作一场长跑比赛的话,很多人都来不及等到比赛结束,就会在中途放弃。但实际上,菜导所坚信的完美的理财方式,是投资能够长期跑赢通胀的资产,然后依靠复利实现财富增值。

也就是说,必须把投资的时间拉得足够长,才能真正获得稳定的收益。这个说起来很容易,但是绝大部分人都做不到。这里面的原因无非三点:

第一,跑赢通胀很难。看看如今的房价,相信大家心里都有一杆秤,如果把房价计入通胀,普通人的收入增长很难跑赢房价增长的速度。

第二,想要不亏损很难。在跑赢通胀的理财方式中,想要不亏钱是很难的。炒股七亏二平一赚;买高收益的固收产品可能血本无归,收益下行;即使是买房也很难保证一定赚钱,且很多人就一套自住房,也没办法转化成投资收益。

第三,保持长期跑赢通胀的复利很难。结合前面两点,就会明白保持长期跑赢通胀的复利到底有多困难。很多人往往都是在坚持的过程中被一次惨重的亏损打回原形。

那么，有啥产品可以几乎规避这三大难点？可以考虑下指数基金。

指数基金为什么能赚钱？

首先，指数长期上涨收益高。

指数基金的收益来源于相关指数的上涨。指数反映的是相关板块和行业的发展，比如沪深 300 指数，反映 A 股前 300 家公司的发展情况。

那大家可以想想，各种各样的指数背后反映的又是什么呢？其实，反映一个国家的经济发展，只要国家的经济不断向前发展，那么长期来看指数也是长期上涨的。所以，投资指数基金就是投资国运。其实对于普通人来说，生于斯长于斯，选择相信国运。

除了长期上涨，指数基金的收益其实并不低。

比如最常见的沪深 300 指数和中证 500 指数，到 2019 年 3 月 1 日，年均涨幅分别达到了 11.5％和 12.97％。而一些行业指数基金的收益更猛，一点也不比所谓的大牛股差。还记得 2015 年牛市时，很多人说上证指数 1 万点不是梦，可是大盘现在还在 3000 点左右趴着呢，而一些行业指数早就突破 1 万点了。

举例来说，从 2004 年 12 月 31 日到 2019 年 2 月 27 日，沪深 300 非银指数从 1000 点涨到 10308 点，年均涨幅 17.9％；中证主要消费指数涨到 11991 点，年均涨幅 19.17％；中证医药 100 指数涨到 11229 点，年均涨幅 18.61％。这种收益可以跑赢市面上绝大多数理财产品了。

其次，指数基金受人为干扰小。

很多人担心基金经理的水平会影响基金的表现，对于主动型基金来说确实有这个担忧，而要求一个普通人挑选靠谱的基金经理难度还是比较大的。

但指数基金就没有这个担忧。因为指数基金基本上都是复制指数的走势，基金经理发挥的空间比较有限，只要指数长期上涨就一定能赚钱，普通人选择的难度也就大大降低。

另外，指数也会不断升级。

曾经有人这样问菜导：虽然指数不断上涨，但是指数里面的公司也难免会有“老鼠屎”，要是踩到了怎么办呢？

这里就要说到指数“永葆青春”的秘诀，就像人体的新陈代谢、吐故纳新一样，一般指数的成分股每半年更新一次。

最后也是最重要的一点，指数基金的投资方法非常简单。

投资指数很简单，只要指数长期上涨迟早都会赚钱。如果在指数估值便宜的时候定投，那就一定可以赚钱而且收益更高。而定投对于普通人来说也是最简单的一种投资方式。另外，大部分指数基金的管理费为0.5%，而大部分主动型基金的管理费为1.5%，可见指数基金在管理费上比主动型的股票基金费用更低。

为何你买的指数基金会亏钱

指数长期上涨是没错，但对于我们普通人来说，赚钱才是硬道理。相信有些95后也早就接触过指数基金，心里一定会有一个疑问：都说指数

基金能赚钱,为什么我投的指数基金就是不赚钱呢?原因有三点:

第一,时机错误

所谓时机错误,主要指两种常见的情况:买贵了、卖晚了。

什么叫买贵了呢?菜导有一位朋友在买指数基金的时候,下手游移不定,等市场从2000多点一路涨到5000点了,才决定大举入场。但实际上,这个时候买入是高位接盘,将来要卖的话,可能就赚不到钱甚至还要降价卖,那就发生了亏损。

卖晚了也很好理解。很多人投资赚了钱就想赚更多,没有止盈目标或者止盈纪律太差,最终赚到手的钱又吐出去了。

投资里面有句话叫:会买是徒弟,会卖是师傅。从这个角度来看,很多人连徒弟都算不上。

第二,策略不对

就算你选好了标的,选对了时机,但如果策略不对,一样赚不到钱。还是接着菜导前面提到的那位朋友的故事聊。他是在市场4500点左右入手的,而且是一次性买入5万元。5万元,对很多人来说,说多不多,说少也不少。

但是5万元一次性买入,如果市场一旦回调,后面又没有资金进行补仓的话,就非常被动,很容易被套。这就像打仗一样,战争一开始,子弹就一次性打完了,没子弹了,后面怎么打?战争不会那么快就结束的,也不是我们想象的那样顺利。

所以说,一次性买入一只基金,风险非常高。最合理的方式应该是分批买入或者定投。

分批买入的话，对我们判断市场的能力要求比较高。定投反而更加简单，也最容易把控的。所以，对于绝大多数95后来说，菜导都推荐大家直接定投就行了。

那么，我们再回到刚才的例子，如果菜导的那位朋友不是一次性买入，而是采用定投的策略，那么他的收益是怎样的呢？

菜导算了下，如果从大盘4500点，开始定投沪深300指数基金，到2018年8月收益是1%左右，虽然很少还至少是正收益而没有亏钱。但当时，他一次性买入，却亏损30%。可见，如果策略使用不同，带来的结果也是天差地别的。

第三，基金选择错误

虽然说指数基金是跟踪复制相关指数的走势，受人为主动干扰的因素少，但是跟踪同一指数的不同基金表现也有所不同。

通常来说，挑选指数基金要避开以下三个短板：

(1)基金规模小

根据相关规定，若某只基金连续60日基金资产净值低于5000万元，基金公司经批准后有权宣布该基金终止，也就是基金清盘。虽然基金清盘后基金资产将全部变现，将所得资金分给持有人，但也说明了这只基金业绩很差，投资者已经不认可了。

因此我们选择基金时，至少应该选择规模在1亿元以上的，这样才可以避免基金被清盘。

而且对于指数基金来说，规模较大反而是优势，规模较大的指数基金流动性较好，受日常申购、赎回的影响较小。

(2)跟踪误差大

指数基金是跟踪指数的，但跟踪的过程中难免会产生误差。这个误差有大有小，就像不同厨师按照同一个菜谱来做，厨艺不同，最后菜的口味也会不一样。

我们选择指数基金的目的就是为了能取得跟指数一致的收益，因此指数基金跟踪误差越小，说明基金经理复制指数的能力越强，这样越能实现我们赚钱的目标。

指数基金的跟踪误差怎么找呢？其实很简单，比如在天天基金网输入基金代码，就可以看到这个基金的跟踪误差了。

(3)综合费用高

买基金一般都有申购费，但除了申购费，还有管理费和托管费，虽然管理费和托管费不多，但是能省下来就降低了成本。

比如A基金和B基金申购费都一样，A基金的管理费和托管费总共为每年0.9%，但B基金的管理费和托管费总共为每年0.6%，这两者每年就有0.3%的差别，如果持有几年，累计下来其实成本差别也不少。

哪些指数基金更容易赚钱？

菜导前面说过，投资指数基金就是投资国运，但是不同的指数基金，赚钱效应也是不同的。特别是在行业指数基金中，有些行业天生容易赚钱，而有些行业受经济周期影响大。

那么，哪些指数基金更容易赚到钱呢？

菜导先来说说综合指数基金中，比较容易赚钱的指数基金。

我们熟知的沪深300和中证500指数均是按市值大小选公司的，选中的公司的质地参差不齐，难免有些经营不怎样的大公司混进这些指数中。但是策略指数就会在挑选公司的过程中加入一些策略，比如选一些分红多的公司组成红利指数（中证红利指数），选一些财务基本面状况良好的公司组成基本面指数（深证基本面60指数），这样按照一定策略选出来的公司，会使得指数的整体表现更好。

比如，如果你是在2019年3月开始投资指数基金，那么选择建信中证指数增强A（000478）或者富国中证红利指数增强基金（100032）的话，长期收益一定会比沪深300要好很多。

接下来再说说行业指数基金中，比较容易赚钱的指数基金类别。

一般来说，我们会把行业指数基金分为10个一级行业，见表6-1。

表6-1 行业指数基金分类

一级行业	细分子行业	一级行业	细分子行业
主要消费	食品、烟草、家居等。	金融	银行、保险、券商等。
材料	金属、采矿、化学制品等。	可选消费	汽车、零售、媒体、房地产等。
电信	固定线路、无线通信、电信业务等。	能源	能源设备与服务、石油天然气等。
工业	航空航天、运输、建筑产品等。	信息	硬件、软件、信息技术等。
公共事业	电力、天然气、水等。	医药	医疗保健、制药、生物科技等。

而在这10个一级行业中，赚钱能力的差异可以说是天差地别。

比如，在2018～2019年，最赚钱的是主要消费行业，最不赚钱的是能源行业，两者在赚钱能力上的差别能达到4倍之多！所以，如果你买入的是主要消费、医药、金融行业的指数基金，即使是在高点的时候入场，只要能稳住节奏坚持定投，就能获得还算不错的收益。而如果你是在高位买入能源行业的指数基金，估计就只能等到下一次大牛市才能解套了。

为什么主要消费、医药和金融行业这么赚钱呢？因为消费行业和医药行业受经济周期的影响小，并且消费行业依靠品牌优势，医药行业依靠专利优势均可以保持较高的利润率，使得这两个行业赚钱能力都很强，属于经常出大牛股的两个行业，比如贵州茅台、云南白药、恒瑞医药等。

而金融行业虽然会受到经济周期的影响，但是依靠着金融牌照带来的垄断优势，使得这个行业依然是非常赚钱的行业。所以，选对行业指数，赚钱就非常简单。

为什么要买保险？

所谓保险，就是投保人跟保险公司签订合同，根据合同约定，投保人向保险公司支付保费，保险公司则对合同约定中发生的人身、财物损失，或其他约定条件，承担给付保险金的责任。

所以，**买保险的第一大作用，就是获得保障**。在挑选保险的时候，如果保险代理人向你推荐各种捆绑销售的投资功能，请记住，这些不仅起不了什么作用，还会浪费你宝贵的现金流。

买保险的第二大作用，是杠杆。我们在买保险的时候，都要尽量用最少的保费，获得最高额的保障，在缴费周期上，也尽量做到越长越好。

买保险的第三大作用，是风险转移。与其他金融产品投入资金便可在约定时间内获取收益的模式不同，保险之所以“付出不一定有回报，但人人都必须配备好”，就是因为它可以帮助你在可承受保费范围，优先把概率大的风险转移给保险公司。

所以，从理财规划的角度来看，保险是所有个人和家庭都必备的产品，也是前面所说的“三驾马车”中非常关键的一环。

怎样挑选保险?

菜导先帮大家梳理一下，市面上都有哪些常见的保险。

从保障类别来说，保险分为人身险和财产险。

人身险以人为保障对象，比如我们常见的意外险、寿险、重疾险，都属于人身险的范畴。

而像车险、房屋保险、家财险等以具体财产为保障对象的保险，则归为财产险。

保险细分起来产品会比较多，但不管哪一种，只要发生的情况符合合同条款中的描述，就可以按照合同拿到理赔金。

那么，我们该怎样挑选适合自己的保险呢？要想回答这个问题，我们得弄清楚以下四个关键信息：

第一个关键信息：你想要保什么？

买保险的目的其实很简单。我们为什么要买保险，我们想用保险解决什么问题？

有的人想预防意外风险，那么对应的需求就是意外险；有的人担心房贷、车贷、子女抚养的资金忽然断裂，那么对应的需求就是寿险；有的人担心重大疾病花钱，自己应付不来，那么重疾险、医疗险就是需求痛点。事先明确保障需求，才能预设好投保思路，针对需求点补充相应保障。

第二个关键信息：你想要收益还是保障？

有了一定的投保思路，我们就可以往后细化挑选的产品类型。

在此之前我们要弄清楚，自己想要的是保险理财，还是保险保障。追求理财收益的，保险理赔收益比较低，分红年化收益率在3%左右的已经是收益中上的产品了。想要更高？那还是别买保险了。追求高保障的，就要仔细对比相关保障的投保门槛、保障内容、免责条款等内容，选择与自己保障需求最为匹配的产品，或产品组合。

第三个关键信息：你会选择怎样的投保顺序？

投保顺序需要注意两个点：一个是家庭保险规划中，先给谁投保；另一个是在多类保障需求中，先投保哪一类保险。

首先，家里面谁赚钱最多，谁主要负责养家糊口，就要给他买保险，因为他发生风险的时候，对家庭经济的影响最大。其次，考虑到保障的实用度，应该先将医疗险跟意外险两项基础保障配上，再根据家庭情况、所处年龄段等因素，逐步配上重疾险跟寿险。如有理财需求，可在基础保障配置完毕后，增加适当的分红险或万能险。

第四个关键信息：你的保费预算有多少？

到了最后，能买多少保额，买什么样的产品还是要回到我们有多少保费预算上来。

正常来说，一个家庭的年度保费支出总额，应该控制在家庭年收入的15%以内。这里说的保费支出指的是保障型保险的保费支出，比如意外险、重疾险，那些分红险、万能险等偏理财性质的保险的保费支出则不算在内。

在实际购买保险的时候，很多人贪多贪全，盲目追求高保额、全保障，造成保费支出过高，保障反而变成负担，本末倒置，其实根本没必要。要知道保障不可能一步到位，我们需要根据所处的年龄段、家庭角色的变化去对保障进行调整。

在投保时可通过缴费期、保障期的变化来锁定不同时段的风险，还能以此合理把控保费支出，尽量在能力范围内，拿到与现阶段相匹配的保额。

总之，保险不是大家说好，就一定好，关键是适合自己，保障、保费支出等方面满足自己的需求，对你而言称心如意，那才算好。

保险理赔到底难不难？

既然是保险，那么就一定会有理赔。但只要一说起理赔，很多人又会开始吐槽保险的“坑爹”了。

菜导就听人说过一个段子：“现在的保险啊，有两个不赔：这个不赔，那个也不赔。”那么，这到底是保险代理人有意刁难客户，还是我们买错了保险呢？

答案是两者皆有。

但如果你没有在以下四个关键环节上犯迷糊，其实理赔对你来说，根本不困难。

第一，不清楚保险责任

所谓保险责任，就是保险保什么，只要发生了这些保障事项，就能获赔。

说起来可能很好笑，但是拿着意外险来问生病了去医院赔不赔的大有人在。甚至有人拿着寿险保单质问理赔工作人员，当初买的时候承诺只要去医院就能赔，结果什么都赔不出来。这是完完全全无视了合同跟条款上写着的保险责任。

第二，不了解保险免责

保险免责，又叫责任免除，就是保险公司会事先告诉你，在什么情况下即使出险他们也不会赔。这些事项，在保险条款中一般做加粗提示，提醒买保险的人注意查阅。像是意外险的免责中一般就有，投保人对被保人的故意伤害、自杀、酒驾、高危运动等情况不进行赔付。

第三，忽略健康告知

涉及健康类的保险，比如重疾险、医疗险等保险，对被保人的健康是设有门槛的，如果风险过大，保险公司不会承保。

那么保险公司如何确认被保人的健康情况呢？

这些保险在投保时，都需要填写健康告知，如实告知被保人健康情况。健康告知中会列明不能投保的病症，如有相关既往病史，或者目前正在治疗相关疾病，那是不能投保的，投了也会被认定为蓄意隐瞒，在理赔的时候被拒赔。

第四，理赔材料不齐全

理赔材料不齐全不仅会拉长理赔时间，还会让保险公司无法核定出险状况，导致理赔出问题。

在理赔的时候，除了常规的保单合同、身份证外，还有相关的出险证明，比如身故需要提供死亡证明，重疾与医疗则需要诊断报告书。这里面最容易出差错的，就是重疾理赔。有的重疾险条款中写得比较简单，将诊断报告书简要描述为诊断证明和相关的检查报告。

而一套完整的诊断报告书，需要包含完整的病历、出院小结、病理组织检查报告、医疗费用收据、住院费用明细清单及费用收据等材料。特别是一些中途转院、多院就医的，就需要提供这几家医院的诊断证明跟检查报告。

可能大家觉得只要把治疗过程中的所有单据保存好就没事了，但依然会有遗漏。就拿急性心肌梗死来说，理赔材料需要病发当时检验留下的心电图，然而很多人看完医生就直奔手术了，并没有留下当时的心电图，这影像事后根本没法补，理赔申请就被拒绝了。

其实保险本没有坑，之所以觉得坑，是因为我们觉得他会赔钱，实际上却没有，自然就觉得保险理赔难，保险是骗人的。但这些东西都明明白白写在了条款里，申请理赔所需的材料，在发病时赶紧联系保险公司就能确定，只要我们认真选择合适的产品，理赔根本不是问题。

说到底，买保险的时候一定要仔仔细细看清楚保险合同的内容，特别是对理赔的约定条件，不能想当然地以为肯定可以赔。

95 后必备的三张保单

对于初次接触保险的 95 后来说，有哪些保险是应该买的呢？

菜导从人生规划和家庭理财的角度入手，给大家整理出了 95 后必备的三张保单。

95 后的第一张保单：为健康和意外投保

其实，对于第一次选购保险的 95 后来说，明确现阶段的需求和最紧迫的保障缺口是很重要的，只有明确了这一点，再结合目前的财务能力，才能选出最适合自己的第一张保单。

从这方面来看，多数95后的第一张保单应该为健康和意外投保，再具体一点就是应该优先选择重疾险和意外险。

首先是重疾险。我们都知道，疾病尤其是重大疾病给一个家庭带来的影响不可小视，一场大病，直接的医疗费用在30～50万元之间，康复后也会多少影响之后的收入。因此，在财务能力允许的情况下，优先选择一份重大疾病保险就非常有必要了。

重疾险作为一种独立的险种，它不必附加于其他某个险种之上，能为被保险人提供切实的疾病保障，且保障程度较高，保障期限一般都很长；此外，疾病保险保障的重大疾病，均是可能给被保险人的生命或生活带来重大影响的疾病项目，如急性心肌梗死、恶性肿瘤。重疾险的保额，至少需要30～50万元，应该可以覆盖一次重大疾病的治疗费用。

另外，重疾险和医疗险搭配选购比较好。重疾险只要确诊了保险合同中约定的重大疾病就能申请赔付，而且这钱是一次性付给你的，怎么花保险公司都不管，可以用来补充因病失去收入的生活费与康复期的费用。

而医疗保险则是一种费用报销型保险，例如支付宝卖得好医保医疗险，30岁左右的男性，每年保费250元左右，可以获得200万元的一般医疗保额，400万元的重大疾病保额，性价比较高。但必须以发生合理且必要的医疗费用为前提，赔付时会扣减社保已经报销和免赔额以下的部分。

因此，这两种险种的搭配选购，对于身患重疾的个人及其家庭来说，会是相当有帮助的保障支持。

其次是意外险。

目前来看，多数95后现阶段的财力还比较有限，很难承受一份终身型重疾险的压力，建议大家至少应该先选购一份意外险。

意外险是伴随终身的一张最基础的保单。它可以提供生命与安全的保障，功能是身故给付、残疾给付，从而覆盖人生中难以预测的风险事件。尤其是在经济能力还相对有限的年轻时段，一份意外险将大大减少财务负担。

95后的第二张保单：为爱和责任投保

对于刚刚进入职场、人生处在上升期的95后来说，一方面在收入、能力等领域都处在快速成长的阶段，另一方面也会很快感受到来自家庭的责任和压力。尤其是对于部分已经成家立业的95后来说，一旦家庭经济支柱出了问题，谁来保障家人的生活？如何偿还几十万甚至上百万的银行住房贷款？

因此，为了把这一风险转移出去，菜导建议95后还应当增加一张寿险保单。目前市场上的寿险类型比较多，但对于95后来说，最常见的还是普通型人寿保险，也就是保障型人寿保险。而保障型人寿险中最常见的又属死亡保险中的定期寿险和终身寿险两种。

具体来说，定期寿险更适合于收入较低而保险需求（通常来自家庭责任）较高的人群，可以让大家在家庭责任最重大时期，以较低的保费获得最大的保障。建议大家可以将定期寿险的保额设定为房贷与子女未来抚育费的总和。

而终身寿险比较适合于有较强保费负担能力、有遗产规划需求的投保人。一是它在被保险人死亡后才赔付。二是作为保险受益金赔付给指定受益人，不仅可以完全按照投保人的意愿分配，且受法律保护。另外，终身寿险可以以储蓄加保障的目的来购买，虽然终身寿险身故后才能拿到保险金，但它有储蓄性，能够产生现金价值。

95后的第三张保单：为未来买单

如果说前两张保单解决的是95后当下的问题，那么第三张保单就应该考虑一下长期、未来的保障了。所以，菜导建议95后的第三张保单应该关注养老和子女教育方面的险种。

首先说养老保障，这是每个步入中年的家庭不得不考虑的问题。在能赚钱的年龄考虑养老是必要的，也是不可回避的。在资金允许的情况下，应考虑买一份商业养老保险。因为社会养老保险作为基础保障，只能满足个人基本生活需求。如果想在退休后过上更安稳的生活，还应该配置一些商业养老保险。

其次是子女教育保障。孩子是一个家庭的希望，很多家庭都会在子女的教育问题上花费较大的心力和财力。随着教育费用的日趋昂贵，给孩子准备一份完善的教育保障，十分有必要。在选购教育险时，要尽量选择含"豁免保费"条款或附加保费豁免定期险，这是为了防止在保险期间家长因故无力继续缴纳保费，保险公司可豁免以后的各期保费，确保孩子的保险合同继续有效。

此外，随着子女逐渐长大，原有的贷款逐渐还清，加上之前的财富累积，有些家庭经济实力较为雄厚，可以考虑购买年金保险、投连险及分红返还型保险等新型产品，把这些产品作为日后养老资金的来源之一。

如果追求较稳定的养老钱的积累，菜导会建议大家购买年金保险，年金保险是合同上明确每年返还钱的比例，但缺点是普遍收益偏低。对于追求保险收益较高的，可以选择分红返还型的保险。当年保险合同的分红，取决于保险公司当年的盈利水平。

年轻人应该去炒股吗？

关于股市，菜导先说一个经典的段子：半年前，我老婆携 2 万元进 A 股，今天我登录她账户，账上已有 5 万元，我蛮震惊的，于是问她："你是怎么做到的？"她说："我前些日子又转进去 8 万元。"

笑完之后，菜导发现很多炒股的人应该都有类似的经历，股票赚钱的时候总想着赚更多，结果钱没真正拿到手，股票就开始下跌，不仅把赚的钱都输回去，而且还会继续拿钱往里投。

总是想着越低越买，最后越投越多，还被套牢，越亏越多。因为人们往往都是贪婪的、心存侥幸的，股市上涨的时候想赚更多，股市下跌的时候觉得还有再涨、再翻盘的可能，这种侥幸心理不知不觉中影响了我们的判断和操作。该获利了结时没有止盈，最后浮盈变浮亏，亏钱了该止损时，最后小亏变大亏。

所以，炒股其实是一个低门槛但技术含量很高的活儿，作为 95 后的你，如果没有"金刚钻"，暂时就别揽这个"瓷器活"了。

股市投资不是人人都适合参与

散户们之所以热衷炒股，主要是被形形色色的“暴富神话”所吸引。对于金钱的贪念人人皆有，但如果缺乏基本的知识体系和经验积累就贸然入市，只会带来更大的灾难。

为什么这么说？

首先，炒股其实是个高体力要求的活。不说把市场上的股票全部看一遍，就只是跟踪自己长期关注的那几只股票，就需要相当稳定、长期的时间和精力投入。除了已经退休的大爷大妈们，多数散户本就俗事缠身，没有多余的时间来关注这些最基本的信息和资讯。

其次，炒股是个高知识门槛的活。大部分散户不懂财务、证券知识，连怎么开户都是临时问别人的。听着周围的人买这股那股都赚了，甚至有人卖了房子去炒股，以为随便买哪只股票都能赚。

当然，很多人会说，你说散户不专业，但那些专业出身的基金经理们，也没见着比我们厉害多少啊！

管理一只基金的难度，本来就比散户拿几十万炒股要复杂太多。又何必拿自己的“游击战术”来质疑“正规军”的实力呢？

最后，炒股是个高情商门槛的活。几乎每个散户都存在某种程度的侥幸心理，认为自己可以超脱于市场，以独立的视角来观察市场从而获利。但一旦市场出现散户意料之外的波动，就会把他们的脆弱与恐惧无限地放大。

诚然，市场投机本身就是一种与情绪博弈的游戏，但多数散户只看到了投机成功后的高收益，却没有想过投机带来的风险，也可能是自己根本承受不起。说白了，股市是个放大贪婪和恐惧的搏杀场，而人们又往往不愿意充分地认识、反省自己。所以，菜导不仅不建议散户去炒A股，包括美股、港股这样的境外市场也最好别碰。

一窝蜂去炒股反而容易进“坑”

那么，你可能要问，既然炒股是一个低门槛但高技术含量的活，为啥还是有这么多的人前赴后继地进去搏一把呢？

答案很简单，就是普遍存在于每个人心中的从众心理，或者说叫“羊群效应”。

在股市中，我们经常会发现一种现象，当股票价格突然下跌的时候，很多人会一窝蜂卖出；当股票价格突然上涨的时候，很多人又会一窝蜂买进。一来一去，大户们“薅羊毛”薅得不亦乐乎，而人们在惊慌之中，成交量反而会越来越大，这就是股市中的羊群效应。

众所周知，羊群是一种很散乱的组织，平时在一起也是盲目地左冲右撞，但是如果头羊动起来，其他的羊也会不假思索地一哄而上，全然不顾前面是否有危险。

作为头羊，它的动作会引起所有羊的不断模仿，领头羊在做什么，其他羊就跟着做什么。就像某些行业里的龙头企业一样，龙头企业搞O2O，就有大把人跟着做O2O；龙头企业做短视频，就有一堆企业跟着做短视频。

为什么会这样？因为他们觉得龙头企业之所以能做到龙头的位置，

就是眼光独到，所以跟着做就不会有错，一定是下一个风口。

股市也一样，大部分人其实都不懂股市，但是喜欢扎堆，喜欢跟着大户买股票。他们觉得大户之所以能成为大户，是因为掌握了一些他们不懂的知识和不知道的内幕消息，跟着买一定会赚钱，跟着卖一定不会亏钱。当买卖的人越来越多，他们就越觉得别人这么买卖一定是有原因的。特别是股价波动越大，越容易引起别人的注意，暴涨时信心百倍蜂拥而至，跳水时恐慌至极落荒而逃。

然而当股价波动很小的时候，三天涨两天跌，根本不会有人注意，但是这种时候往往才是进行投资布局的时候。可往往现实是，即便是具有投资前景和价值的股票，也一样会无人问津，成交量寥寥无几。等到股价涨了一大截后，人们才恍然大悟“喔，原来这是一只好股票啊”。

实际上，当所有人蜂拥而上的时候，往往都是大户准备撤退的时候，结果普通人都买在了山顶上。当所有人忙着出逃的时候，股票价格往往已经是地板价了。羊群效应正是比喻人都有一种从众心理，而从众心理容易导致盲从，往往让自己陷入骗局或者遭遇失败。

所以**我们在做投资的时候，应该要考虑自己的投资目标、风险承受度，等等，培养自己的投资思维。千万不能随波逐流被别人带着跑，否则只会成为大户的“接盘侠”和“垫脚石”**。

巴菲特是怎么炒股的？

既然菜导说不建议95后碰股市，那为何股神巴菲特这么多年来，能持续从股市里赚到这么多钱？答案很简单，用巴菲特自己的话来说：“是习惯的力量。”当然，股神的习惯也确实跟一般人不一样。

比如巴菲特的第一个习惯就是：把鸡蛋放在一个篮子里。这跟现在妇孺皆知的“不要把所有鸡蛋放在同一个篮子里”背道而驰。

把鸡蛋分开放的原因很简单，即使某种资产发生较大风险，也不会全军覆没。对于99.99％的人来说，也确实应该这样。但巴菲特之所以能赚到钱，就是因为他只重仓少量股票，然后坚定持有。

菜导觉得，其实两种做法都没有错。理财也没有放之四海皆准的真理。值得我们反思的是，股神都觉得自己精力有限，应该专注于少数投资标的，而很多普通投资者却经常东一榔头西一棒子，在各种投资领域里“漂流”。

实际上，在时间和资源有限的情况下，你决策的次数越多，成功率也就越低。

巴菲特的第二个习惯是：不熟的生意不做。巴菲特不熟的股票，即便市场捧得再高，他也不碰。2000年初，网络股泡沫兴起，巴菲特却坚决不买。外界都说股神已经落伍了，现在回头一看，被泡沫毁灭的是那批疯狂的投机者，而股神依旧是最后的赢家。

所以，在做任何一项投资前都要仔细调研，自己没有了解透，就不要仓促决策。高收益往往伴随着高风险。在自己没有十足的把握前，买点稳妥的理财产品，绝对比盲目投机更安全。

巴菲特的第三个习惯是：长期投资。巴菲特曾说：“短期股市的预测是毒药，应该把它摆在最安全的地方，远离那些在股市中行为像小孩般幼稚的投资人。”

所以，巴菲特看中的股票，平均持有时间都会超过8年。而中国股民最喜欢的，就是追涨杀跌、快进快出。结果钱没赚到，反倒给券商贡献了不少手续费。

因此，长期投资股票的前提，是你对你投资的股票有足够了解，且有稳定的现金流支撑日常生活。大多数情况下，很多看起来已经摸到点门道的投资者，不是败给了自己的投资定力，而是被生活中的其他事情打乱了节奏。

人生，最终还是一场康波！

刚刚进入社会的95后，多数还处在对社会经济运行的“无感”阶段。用年轻人自己的话来说，下个月的花呗都不知道怎么还，你跟我讲这个干吗？

但实际上，我们每个人都将在宏观经济规律中度过一生。对于个体而言，如果我们可以正确地预判宏观形势，就可以做出正确的选择，比如：到底该选择学哪个专业？选择哪个行业就业？何时买房，何时买基金？

被动收入很重要

那么，对于出生在1985～1995年的人来说，属于他们的时代机会，就是在2000年后互联网经济的爆发，各种新兴科技公司的崛起，不仅带来了大量的高薪工作机会，也提供了绝佳的财富跃升机会。

更难得的是，互联网经济是难得的不靠背景、不看出身、只看能力的行业，所以有大量寒门出贵子的案例出现。光阿里巴巴一家公司的上市，就造就了过万名千万富翁。各种各样的独角兽企业的出现，更是批量成就数以万计的百万富翁。

所以，“选择比努力还重要”，在菜导看来并不是一句丧气的话，站在投资理财的角度，反而是一种必须遵循的规律。这种规律放在投资理财上，就要求每个人在努力完善主动赚钱能力的同时，也要建立起自己获取被动收入的能力。

主动赚钱的能力好理解，无外乎求学时努力学习；毕业了找个好工作；工作时积极成长，建立自己不可替代的职场力；工作到一定年限后，要么就得开始往管理的角色转型，要么就得开始考虑如何规划自己独立的事业……

那么被动赚钱的能力呢？在菜导看来就是“择时”的能力。比如现在虽然互联网企业遇到了一些问题和困难，但是在可以预见的5～10年内，这个行业仍是你实现财富与阶层跃升的最佳通道之一。比如现在很多年轻人都扎堆在一二线城市做一名普普通通的白领，但也有不少年轻人在三四线城市甚至是农村发现了自己创业的天地；比如那些已经毕业的但是又受限于自己过往大学专业的职场菜鸟，在看准了像人工智能、大数据这样的热门领域后，毅然决然地通过各种方式打造自己的第二技能……

从宏观层面来看，当下中国经济发展的历史进程，就是要在供给侧改革的促动下，建设创新型国家，完成“新旧动能”的转换。

所谓新动能，是指以创新驱动、技术进步、消费升级为牵引，以知识、技术、信息、数据等新生产要素为支撑，以新技术、新产业、新业态、新模式为标志，以数字经济、智造经济、绿色经济、生物经济、分享经济等为主要方向的全新生产力。

所谓旧动能，就是传统动能，它不仅涉及高耗能高污染的传统制造业，还更宽泛地覆盖利用传统经营模式经营的第一、二、三产业。

比如腾讯在2018年投入10亿元发起了“科学探索奖”，奖励在基础科学和前沿核心技术方面做出创新的青年科技工作者。这就表明，哪怕是腾讯这样的互联网巨头，由于多数业务范畴仍有“旧动能”之嫌，也不得不实施强力的鼓励策略，以全力与实体经济和前沿科技相结合，实现向“新动能”的转换。

腾讯这样的巨头尚且如此，对于个人来说，要想在接下来的10～20年获得自我成功，赛道的选择与转换，势在必行。

所以，菜导认为在眼下这个时代，**个人努力的方向与国家转型的思路其实是基本一致的，也就是要实现所谓“新旧动能”的转化**。

现在，支持你的是年轻、有干劲，说白了也就是成本优势居多。而以后，需要你的技术优势快速地成长起来。如果你做不到这一点，那将可能遇到各种煎熬和困扰，也会像经济体在进行新旧动能转换时遇到的难点一样：要么是技术能力还没成长起来之前，成本优势就已经丧失殆尽了；要么是你虽然努力地在成长，但新旧动能之间的衔接转换，出现了难以避免的空档期。

在大势面前，个人选择空间被压缩，如果不具备过硬的工作素质，在企业混吃等死的时代已经过去了。也就是说，不懂得选择企业的、没有真正一技之长的、无法适应新技术的人，很快就会尝到苦果。

总之，投资理财不仅是对于个人金融资产的打理，本质上也是一种对人生的规划与判断。要想在一定的时间内打破现有经济水平的限制，实现更高的财富目标，不仅需要个体的不懈努力，也需要善于向时代借力的智慧和魄力。

当然，对于很多95后来说，这往往也意味着走出舒适区，迈向一条自己从未探索过的全新道路。但对于我们每个普通人来说，只要还有希望，永远都不该有放弃努力的那一刻。

不同阶段做不同的准备

现在你应该明白了，理财不只是对钱的打理，还有对自我的管理和贯穿整个人生的规划。

那么除了要把握好时代进程的脉搏、努力提升自己的被动赚钱能力之外，还有哪些事情要准备好呢？

从菜导的专业角度来看，**每个人都会随着年龄的增长而产生财务状况的改变，因此在不同家庭生命周期，也需要对理财规划不断进行调整**。

一般来说，我们通常会经历5个家庭生命周期：单身期、形成期、成长期、成熟期和衰老期。

当我们处于单身期时，就是一人吃饱，全家不饿，可以采取激进型的投资方式，将个人70%以上的流动资产投资于股票等高风险的投资。

随着年龄的增长，人到中年以后，处于上有老下有小的阶段，还敢拿出70%以上的流动资产投资高风险投资吗？相信大多数的中年人会考虑：如果亏损了，孩子的教育金、家庭的开支、父母的医疗费用怎么办？

大部分中年人会选择适当调整自己的资产配置，会将高风险的投资资产比例降低到50%或以下，将40%的资产购置银行理财、国债等低风险的金融投资品，确保应对子女教育、家庭开支等。

总之，按照不同的家庭生命周期调整资产配置的比例是必要的选择，如果没有进行合理调整，会对家庭造成一定的影响。

菜导也把各个阶段的情况和建议做了一个梳理，见表6－2。

表6－2　家庭生命周期调整资产配置

家庭生命周期	家庭保障	资产配置建议
单身期（参加工作到结婚前的阶段）	**家庭保障重点**：此时生活结余较少，保费又相对较低，建议购买基本保障保险产品，建立基本财务保障，减少因意外导致收入减少或负担过重。 **保障规划**：建议从基本重疾险、意外险和医疗保险开始投入，保费支出占可支配年收入的10%。	**资产配置重点**：年纪尚轻，能承受高投资风险，但资产的绝对数量少，需要将资产快速增值能力提升。因此提高对风险资产的投资比例以达到资产快速增值的目的。 **可投资资产配置**：建议60%用于投资风险大、长期回报高的股票型产品（如涉股基金）；20%投资银行理财、债券等固定收益产品；20%放在货币基金等现金类产品。

续表

家庭生命周期	家庭保障	资产配置建议
家庭形成期(建立家庭到孩子出生之前)	**家庭保障重点**:夫妻双方是主要经济支柱,任何一方如果发生意外或疾病,可能导致家庭陷入困境。应建立基础家庭风险保障。 **保障规划**:建议选择保障性比较高的定期寿险、重疾险,保费支出占可支配年收入的10%。	**资产配置重点**:家庭消费的高峰期,重点应放在合理安排家庭建设的费用支出上,风险承受能力较高,可选择部分股票、基金等高风险投资,获取更高的投资收益。 **可投资资产配置**:建议50%用于投资风险大、长期回报高的股票型产品;30%投资银行理财、债券等固定收益产品;20%放在货币基金等现金类产品。
家庭成长期(从子女出生至完成学业为止的阶段)	**家庭保障重点**:人生责任最重,夫妻任何一方发生意外,对整个家庭以及孩子人生的影响非常大。此阶段是保障需求最高的时候,应从寿险、意外险、健康险三方面建立完整的家庭保障规划。 **保障规划**:在经济条件允许的情况下,建议可投入终身寿险,为子女投入教育金保险。保费支出占可支配年收入的20%。	**资产配置重点**:家庭的最大开支是子女教育费用,抗风险能力相对减弱,要开始控制投资风险,确保子女顺利完成学业。 **可投资资产配置**:建议40%用于投资风险大、长期回报高的股票型产品;50%投资银行理财、债券等固定收益产品;10%放在货币基金等现金类产品。

续表

家庭生命周期	家庭保障	资产配置建议
家庭成熟期（从子女完成学业到夫妻退休为止的阶段）	**家庭保障重点**：家庭负担减轻，主要考虑养老制度不健全，应提早进行养老规划。 **保障规划建议**：建议投入终身寿险或每年固定返还的年金型保险。保费支出占可支配年收入的20%。	**资产配置重点**：家庭开支减少，理财目标侧重于存储养老金，选择较稳健型的投资组合，以确保晚年退休生活。 **可投资资产配置建议**：方案与家庭成长期一样，建议40%用于投资风险大、长期回报高的股票型产品；50%投资银行理财、债券等固定收益产品；10%放在货币基金等现金类产品。
衰老期（退休到终老的阶段）	**家庭保障重点**：随着年龄的增长，购买保险的成本非常高，此时重点是财富传承。 **保障规划**：重点寿险身故保障的主要目的在于传承财富，此时的保费支出可以大大降低。	**资产配置重点**：应以安度晚年为目的，在这时期最好不要进行新的投资，尤其不能再进行高风险投资。 **可投资资产配置**：建议15%用于投资风险大、长期回报高的股票型产品；60%投资银行理财、债券等固定收益产品；25%放在货币基金等现金类产品。

（作者建议，仅供参考。）

请记住，无论你收入多少，对于每一个普通人来说，投资理财都是你一生的事业。只有这样，才能在过好当下的同时，还有多余的资本去争取更好的生活，享受更好的人生。

后记

不理财，不配谈未来?

写了整整一本书,想要教诸位95后怎么理财。但回头一想,中国的个人理财行业发展到如今,其实也是个标准的“95后”。

1992年,友邦保险培养出的第一批寿险代理人开始上街展业,这一模式在1997年开始全面扩张的中国保险市场中,演变成现在仍被多数保险公司坚决执行的“人海战术”。

1998年,中国第一批公募基金公司成立,在发展了20余年后,128家公募基金公司在2018年宣称累计为 6 亿基民赚取了超过 2.2 万亿人民币的利润。

2004 年,光大银行发出了中国第一款面向个人客户的人民币银行理财产品,这种中国金融市场上独有的投资品类,在接下来的十余年间遍地开花,几乎成为所有中国人投资理财的必备产品。

2007 年,中国第一家 P2P 平台拍拍贷在上海成立,这个在海外也属于新生事物的金融模式,在蛰伏数年之后,开始席卷全国,一度宣称要"挑战银行"。

2013 年,名不见经传的天弘基金联合支付宝推出了全民爆款"余额宝",无数此前对理财并无太多概念的,一直被传统金融机构遗忘的普通用户,开始了自己的互联网理财之旅。

2014 年,中国第一家不设网点,业务全部在网上办理的互联网银行宣告成立。这家被命名为微众银行的金融机构,不仅开启了中国银行业经营模式的新探索,更是中国第一家由民间资本独立发起运作的民营银行。

在中国经济快速腾飞的大背景下,个人理财行业在过去的二十多年间也获得了爆发式的增长。据波士顿咨询提供的数据,截至 2018 年,中国国内居民可投资金融资产总额达到 147 万亿元人民币;到 2020 年,这一数据将继续增长至 200 万亿人民币。

但实际上这些令人激动的发展数据和此起彼伏的市场热潮,其实都和 95 后没多大关系。

相反,当 95 后刚刚进入社会,正想尝试理财的时候,恰逢国民经济的转档调整和金融去杠杆进程的不断深入,本来手头就没多少钱的 95 后一搜索理财新闻,看到的全都是与"爆雷""骗局""亏损"相关的例子。

庞大的代理人队伍成就了中国保险行业的高速发展，却也让“保险就是骗人的”这样的糟糕口碑广为人知。

公募基金宣称自己为基民赚到了钱，从客观数据上来看，中国公募基金公司的总体业绩表现也确实还算拿得出手，但由于基金销售渠道的急功近利和投资者教育的相对滞后，多数基民仍挣扎在亏损的泥潭中。

银行理财产品自诞生之后，便一直进行着各种形式的“创新”，由于刚兑的存在，哪怕个别理财产品本质上也就是个以“资金池”方式运作的“庞氏骗局”，但也都睁只眼闭只眼过来了。2018 年，资管新规正式落地，银行理财开始走向打破刚兑之路，自由放养的无风险套利时代一去不复返。

P2P 产品就更疯狂了，在初期的试水之后，整个行业陷入了癫狂发展的阶段，最后演变成“劣币驱逐良币”的状态。于是，在 2016 年开始的金融风险整治和去杠杆浪潮中，P2P 平台率先倒下。有分析人士认为，中国最终能存活下来的 P2P 平台，可能不会超过 50 家。

余额宝让天弘基金一跃成为世界上最大的货币基金管理者，更让全民理财的意识真正普及开来。但伴随着大众投资开始进入高风险低收益时代，余额宝的光环正逐渐淡去，对大众的吸引力远不如前。

至于民营银行，除了背靠腾讯的微众银行和背靠阿里的网商银行，其他十几家似乎都陷入了不同程度的发展瓶颈，别说改变大众理财方式了，连如何保持盈利，都开始成为问题。

所以，菜导在这里必须提醒诸位 95 后：是的，理财很重要，理财将成为你日后必备的一项生活技能。夸张一点说，不理财的 95 后，根本不配谈未来。但是在眼下这个节骨眼上，要想理好财，首先必须调整的，是自己的预期。

对于早就进入社会，开始工作赚钱、理财投资的70后、80后来说，不管现在的行情怎么样，至少以前经历过只需要简单比较售卖产品平台的体量、品牌和口碑，然后就对照着收益率来买的好日子。

而如今，涉世未深的95后却发现，如果不能擦亮双眼来理财投资的话，熬不了几个月就会打退堂鼓。所以，调整预期，加强自己对理财专业知识的了解和掌握，几乎成为每一位95后在理财投资前的必修课。

另外，菜导也非常认同秦朔老师在序言中提到的“延迟满足”。菜导觉得，延迟满足必将成为95后往后理财生涯中的关键态度。

过去几年，菜导看过很多年轻人在投资上没啥经验，操之过急，一心只想赚快钱，结果不尽人意的案例。但实际上，在理财投资的过程中，要有放长线钓大鱼的战略耐心，不要过于在意短期的获益与否，要有长远价值的判断。

所以，菜导建议所有的95后，都一定要学会克制自己“及时行乐”的冲动，以延迟满足的理念，做出中长期来看更理性、更合理的投资选择。

回想一下，95后从小到大所能接触到的不少产品，都在暗示“及时行乐”。网游、直播平台、短视频、电商和现金贷产品的层层分割，已经把绝大多数年轻人的金钱、时间榨取得干干净净。

在高度发达的互联网技术的促动下，无数自我约束意识薄弱、延迟满足能力较低、对现实社会缺乏客观认知的年轻人，就此陷入一个又一个无底深渊。这也是为啥菜导建议大家一定要接受并学会延迟满足的核心原因。

你也千万别把菜导的这些告诫当作无用的“鸡汤”。问题的关键并不在于你信不信延迟满足是否管用，而在于现行的金融市场运行机制，正在强迫你接受“延迟满足”的事实。在这里，菜导就拿目前中国个人理财行业当之无愧的中流砥柱——银行理财来举个例子吧。

如果你有留意过近两年有关银行理财转型的新闻，会发现里面强调的核心关键无外乎四个字——“专业能力”。看到这，你肯定会想了：银行在中国已经这么厉害了，为啥还总说要强化自己的专业能力建设？难不成他们之前不专业？退一万步来说，哪怕银行卖产品的人本身不够专业，这又跟“延迟满足”有啥联系？

原因很简单，因为以前有刚兑，所以银行虽然体量大、名号响、家底殷实，但归根结底，它干的活也跟其他金融机构没有本质差异，即销售产品。在资管新规出台以前，银行关心的主要是怎样依托自己的渠道优势，当好一个“售货员”，销售出更多的产品。

这就是一个典型的“即时满足”的体验，以往，客户在银行投多少钱，银行能给其保证相应的收益，银行的业务人员只需“短平快”地怂恿客户“买买买”就行了。但如今，随着净值化理财产品已经成为主流，产品的收益再也无法承诺，银行卖产品时不可能再像以前那样进行“一锤子买卖”，客户买产品时也不可能闭着眼睛随便挑，不到产品到期的那一天，你永远不会知道自己真正赚了多少钱，或者是不幸遭遇了亏损。

于是，如何真正依靠自己的专业能力给客户提供真正的“综合财富管理服务”，成为所有银行都在头疼的问题。另一边，如何按照自己的风险属性和可投资资金来合理识别与搭配产品，也成为摆在所有理财人群面前的首要难题。

所以，如果银行不能发挥自己的专业优势，说服客户接受净值化理财延迟满足的既定事实，并帮助客户很好的管控风险，那么在接下来的市场竞争中，它们将面临极大的经营危机。

如果普通投资者还是沉浸在“无脑躺赚”的即时满足里不能自拔，而不管不顾已然变化的市场规则的话，在接下来的投资理财过程中，会有大把用“血与泪”铸就的亏损事件给他们上一堂最痛彻心扉的风险教育课。

所以，问题从来都不是延迟满足到底有没有用，而是延迟满足已经成为未来理财投资过程中，你必须接受的一个客观事实。

95后也迟早能明白，虽然理财这个过程必定是漫长而又小心翼翼的，但是只要坚持就能够慢慢琢磨出它的乐趣。

更何况，现在这个时代，所有的事情瞬息万变，一切都变得充满未知。而95后在这个时代选择理财，做好理财，将会成为自己搭建未来生活的一个坚实基础。

菜导也希望，通过这本书里阐释的各种理财知识和投资技巧，帮助各位95后开启一扇通往幸福人生的大门！

图书在版编目（CIP）数据

95后的第一本理财书 / 洪佳彪著. —成都：四川人民出版社，2020.7
ISBN 978-7-220-11777-0

Ⅰ.①9… Ⅱ.①洪… Ⅲ.①财务管理—通俗读物
Ⅳ.①TS976.15-49

中国版本图书馆CIP数据核字(2020)第022333号

JIUWUHOU DE DI-YIBEN LICAISHU

95后的第一本理财书

洪佳彪 著

责任编辑　邵显瞳
责任印制　周　奇
封面设计　张　科
责任校对　林　泉
策　　划　杭州蓝狮子文化创意股份有限公司
出版发行　四川人民出版社(成都槐树街2号)
网　　址　http://www.scpph.com
E-mail　scrmcbs@sina.com
新浪微博　@四川人民出版社
微信公众号　四川人民出版社
发行部业务电话　(028)86259624　86259453
防盗版举报电话　(028)86259624
制　　版　杭州中大图文设计有限公司
印　　刷　四川五洲彩印有限责任公司
规　　格　170×230毫米　16开
印　　张　12
字　　数　137千
版　　次　2020年7月第1版
印　　次　2020年7月第1次印刷
书　　号　ISBN 978-7-220-11777-0
定　　价　49.80元